Jihan Hussein
Mona El-Banna
Yasmin Abdel Latif

Hiperglicemia e suas complicações

Jihan Hussein
Mona El-Banna
Yasmin Abdel Latif

Hiperglicemia e suas complicações

ScienciaScripts

Imprint

Any brand names and product names mentioned in this book are subject to trademark, brand or patent protection and are trademarks or registered trademarks of their respective holders. The use of brand names, product names, common names, trade names, product descriptions etc. even without a particular marking in this work is in no way to be construed to mean that such names may be regarded as unrestricted in respect of trademark and brand protection legislation and could thus be used by anyone.

Cover image: www.ingimage.com

This book is a translation from the original published under ISBN 978-3-659-27178-6.

Publisher:
Sciencia Scripts
is a trademark of
Dodo Books Indian Ocean Ltd. and OmniScriptum S.R.L publishing group

120 High Road, East Finchley, London, N2 9ED, United Kingdom
Str. Armeneasca 28/1, office 1, Chisinau MD-2012, Republic of Moldova, Europe
Printed at: see last page
ISBN: 978-620-8-26610-3

Índice

Resumo

A diabetes mellitus (DM) é uma perturbação metabólica caracterizada por hiperglicemia crónica. A doença microvascular específica da diabetes é uma das principais causas de cegueira, insuficiência renal e lesões nervosas, e a doença macrovascular específica da diabetes conduz a um risco acrescido de aterosclerose, enfarte do miocárdio, acidente vascular cerebral e amputação de membros. Há muitos mecanismos moleculares implicados na lesão dos tecidos mediada pela glucose.

Capítulo 1. Introdução

A diabetes mellitus representa um grupo de doenças metabólicas caracterizadas por hiperglicemia que resulta de defeitos na secreção de insulina, na ação da insulina ou em ambas (Rezaei et al., 2015). É causada por uma combinação de muitos factores, incluindo genética, infeção viral, doença autoimune e estilo de vida (Ryan, 2007; OMS, 2014a). A diabetes pode ser classificada em duas categorias: Tipo 1 e Tipo 2. A diabetes mellitus de tipo 1 é causada por uma deficiência absoluta da secreção de insulina, enquanto a diabetes mellitus de tipo 2 resulta da resistência à insulina em combinação com uma secreção inadequada de insulina (Who, 2011).

Embora a insulina exógena e outros medicamentos possam controlar muitos aspectos da diabetes, são comuns numerosas complicações que podem afetar o sistema vascular, os rins, a retina, o cristalino, os nervos periféricos, os ossos e a pele e que são extremamente dispendiosas em termos de longevidade e qualidade de vida.

Capítulo 2. Complicações diabéticas

O ambiente hiperglicémico/diabético provoca alterações celulares, através de anomalias no fornecimento de substratos, de rácios alterados de fontes de combustível específicas das células, como os intermediários da glucose, os ácidos gordos e os aminoácidos, de alterações na função das proteínas da cadeia respiratória e da desacoplagem da cadeia respiratória. A teoria predominante sustenta que as células que não conseguem regular para baixo os seus transportadores de glucose no contexto de hiperglicemia extracelular registam um aumento da sua concentração de glucose intracelular (Du et al., 2000). A glicose pode ser oxidada no citoplasma através da glicólise; no entanto, para uma produção eficiente de energia, é preferível a fosforilação oxidativa mitocondrial. Na diabetes, a glucose é desviada para a via da frutose 6-fosfato e da hexosamina. Nesta via, a frutose 6-fosfato é desviada da glicólise para fornecer substrato para a enzima limitadora da taxa de glutamina: frutose 6-fosfato aminotransferase. Na diabetes mellitus (DM), há também um aumento da oxidação da glucose pela via do poliol. Uma família de enzimas aldo-ceto-redutase pode utilizar uma grande variedade de compostos carbonílicos como substratos e reduzi-los aos respectivos álcoois de açúcar (polióis) utilizando NADPH. Os estudos em animais indicam um aumento precoce do fluxo metabólico através de todas estas vias e sugerem os seus potenciais papéis prejudiciais (Dyer et al., 1993). A hiperglicemia também aumenta a reação não enzimática da glicose e de outros compostos de glicação derivados da glicose e do aumento da oxidação dos ácidos gordos, o que gera produtos finais de glicação avançada em tipos de células propensas a complicações (Edelstein e Brownlee 1992).

O aumento das espécies reactivas de oxigénio (ROS) e da produção de superóxido por mitocôndrias disfuncionais na diabetes tem sido postulado como o principal evento inicial no desenvolvimento de complicações diabéticas (Feldman, 2003). Existem dois locais principais na mitocôndria onde pode ocorrer a fuga de electrões para produzir superóxido, nomeadamente a NADH desidrogenase (complexo I) e o complexo III (Fu et al., 1996). A limitação da produção de ROS e os antioxidantes têm sido muito eficazes na redução do desenvolvimento da DKD em diferentes modelos animais (Gaut et al., 2002). Infelizmente, os efeitos benéficos dos antioxidantes não se traduziram numa terapêutica bem sucedida para os doentes (Glass e Witztum 2001). Além disso, um estudo recente de Dugan et al (1995), que utilizou métodos recentemente disponíveis para visualizar a produção de aniões superóxido in vivo, demonstrou uma redução, em vez de um aumento, da produção de superóxido num modelo de ratinho com DM1 (Goldstein et al., 1979).

Aqui, discutiremos estes mecanismos e explicaremos como a hiperglicemia medeia os danos diabéticos através do stress oxidativo, da via dos polióis, da formação da via dos AGEs, da via da PKC, da via das hexosaminas, da disfunção mitocondrial e da via da polimerase da ribose poli-ADP (PARP) (Pennathur e Heinecke 2007) fig. 1.

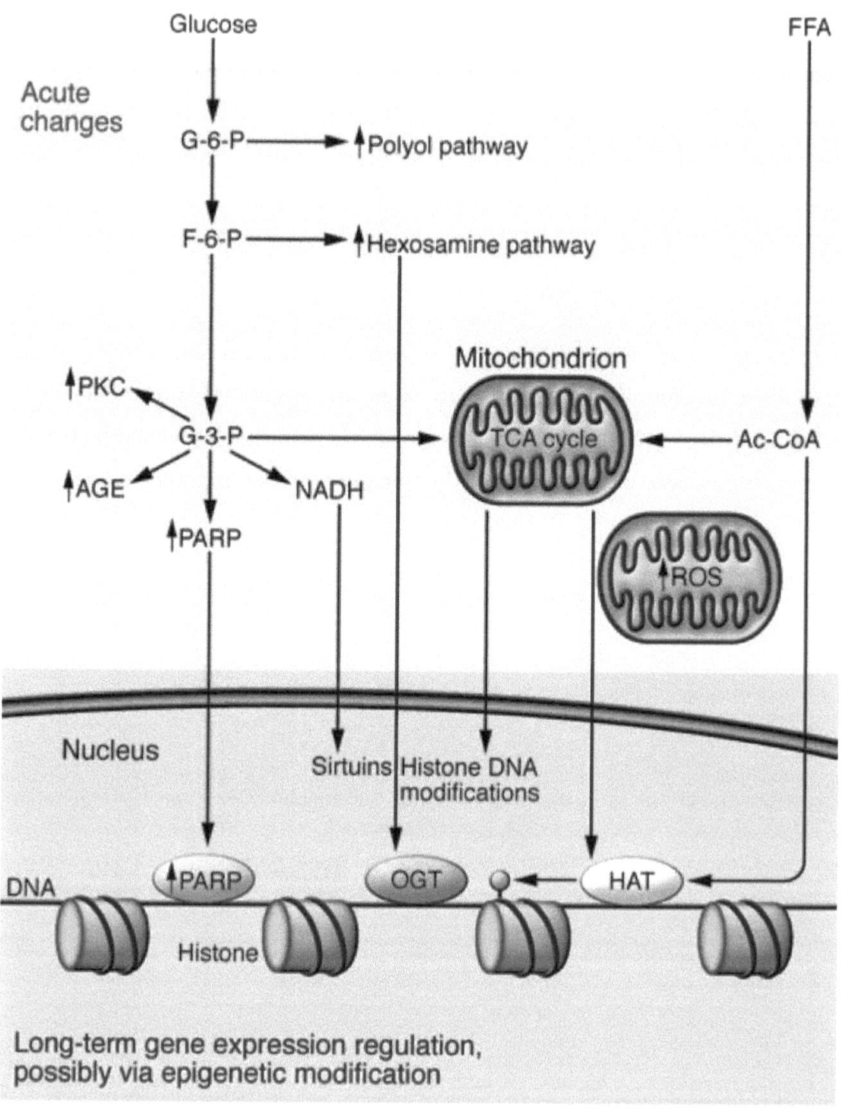

Fig1: Via de complicação diabética: CoA, acetil coenzima A; F-6-P, frutose 6-fosfato; G-3-P, glucose 3-fosfato; OGT, O-GlcNAc transferase; TCA, ácido tricarboxílico.

Capítulo 3. A hiperglicemia no contexto do stress oxidativo:

Níveis excessivamente elevados de radicais livres causam danos nas proteínas celulares, nos lípidos das membranas e nos ácidos nucleicos e, eventualmente, a morte celular. Foram sugeridos vários mecanismos que contribuem para a formação destes radicais livres de oxigénio reactivos.

Pensa-se que a oxidação da glucose é a principal fonte de radicais livres. Na sua forma de enediol, a glicose é oxidada numa reação dependente de um metal de transição para um anião radical enediol que é convertido em cetoaldeídos reactivos e em radicais anião superóxido. Os radicais aniónicos superóxidos sofrem dismutação em peróxido de hidrogénio, que, se não for degradado pela catalase ou pela glutationa peroxidase, e na presença de metais de transição, pode levar à produção de radicais hidroxilo extremamente reactivos (Jiang et al., 1990). Os radicais aniónicos superóxidos podem também reagir com o óxido nítrico para formar radicais peroxinitritos reactivos (Hogg et al., 1993). Verifica-se também que a hiperglicemia promove a peroxidação lipídica das lipoproteínas de baixa densidade (LDL) através de uma via dependente de superóxidos que resulta na produção de radicais livres (Kawamura et al., 1993).

Outra fonte importante de radicais livres na diabetes é a interação da glicose com as proteínas, que leva à formação de um produto de Amadori e depois de produtos finais de glicação avançada (AGEs) (Hori et al., 1996). Estes AGEs, através dos seus receptores (RAGEs), inactivam enzimas e alteram as suas estruturas e funções, promovem a formação de radicais livres e extinguem e bloqueiam os efeitos antiproliferativos do óxido nítrico. Ao aumentar o stress oxidativo intracelular, os AGEs activam o fator de transcrição NF-i<B, promovendo assim a regulação positiva de vários genes alvo controlados pelo NF-i<B. O NF-i<B aumenta a produção de óxido nítrico, que se acredita ser um mediador da lesão das células beta das ilhotas (Maritim et al., 2003).

Para além disso, a hiperglicemia prejudicou o sistema de defesa antioxidante. Os mecanismos de defesa antioxidante envolvem estratégias enzimáticas e não enzimáticas. Os antioxidantes comuns incluem as vitaminas A, C e E, o glutatião e as enzimas superóxido dismutase, catalase, glutatião peroxidase e glutatião redutase. Outros antioxidantes incluem a coenzima Q10, carotenóides mistos, vários bioflavonóides, minerais antioxidantes (cobre, zinco, manganês e selénio) e os cofactores (ácido fólico, vitaminas B1, B2, B6, B12). Trabalham em sinergia uns com os outros e contra os diferentes tipos de radicais livres. A vitamina E suprime a propagação da peroxidação lipídica; a vitamina C, juntamente com a vitamina E, inibe a formação de hidroperóxidos; os agentes complexantes de metais, como a penicilamina, ligam os metais de transição envolvidos em algumas reacções de peroxidação lipídica (Feher et al., 1987) e inibem as reacções de Fenton e de Haber-Weis; as vitaminas A e E eliminam os radicais livres (Asayama et al., 1989). Desde a última revisão efectuada por Oberley (1988), foram realizados estudos exaustivos sobre intervenções farmacológicas baseadas em antioxidantes biológicos. Na presente revisão, continuam a verificar-se discrepâncias nos biomarcadores observados para o stress oxidativo, especialmente nas actividades da SOD, da catalase e da glutationa peroxidase em animais experimentalmente diabéticos. Níveis diminuídos de glutationa e concentrações elevadas de reagentes do ácido tiobarbitúrico são consistentemente observados na diabetes. Para além disso, também se observam alterações no óxido nítrico e nas proteínas glicadas na diabetes (Maritim et al., 2003).

Capítulo 4. Hiperglicemia e via dos polióis:

A via do poliol inclui duas enzimas: a aldose redutase (AR) e a sorbitol desidrogenase (SDH) (Brownlee, 2005). A AR reduz um amplo espetro de substratos, como a glicose, a galactose, o metilglioxal, a glucosona, a desoxiglucosona e os aldeídos derivados de lípidos (Petrash, 2004). Em condições hiperglicémicas, a AR reduz a glicose a sorbitol (Brownlee, 2005). O sorbitol é oxidado em frutose pela SDH (Giacco e Brownlee, 2010). Com a hiperglicemia crónica, a via da AR é reforçada, levando a um aumento da formação de sorbitol. Como resultado da ativação da via AR, há um aumento do consumo de NADPH, que requer um co-fator para a regeneração de GSH, um eliminador endógeno de ROS figura 2. (Erejuwa 2012)

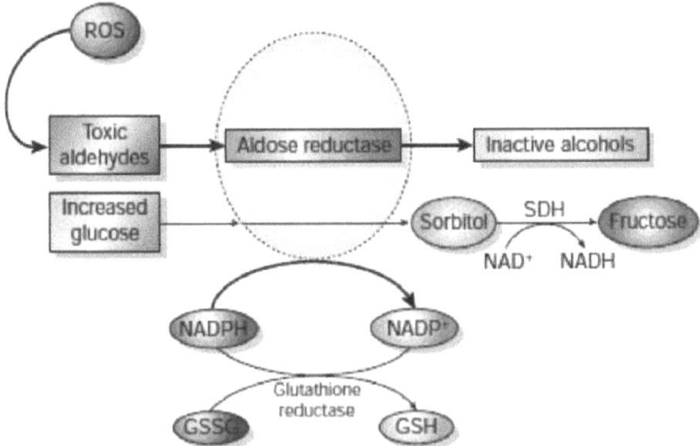

Fig 2 : Aldose redutase e a via do poliol.

Capítulo 5. Formação de produtos finais de glicação avançada:

Os produtos finais de glicação avançada (AGE) são formados de forma não enzimática pela reação entre hidratos de carbono redutores e proteínas, ADN ou lípidos (Ahmed, 2005), incluindo também produtos formados de forma não enzimática a partir da reação entre precursores de AGE, açúcares glicados ou produtos oxidados de ácidos gordos (em células endoteliais arteriais) e proteínas (Giacco e Brownlee, 2010). São produzidos através de três vias principais: (1) conversão da glucose em glioxal; (2) degradação dos produtos de Amadori em 3-desoxiglucosona; e (3) conversão do gliceraldeído-3-fosfato em metilglioxal (Nishikawa et al., 2000a, Ahmed, 2005, Figueroa-Romero et al., 2008). Os AGEs modificam as proteínas intracelulares, alterando assim as suas funções (Giacco e Brownlee, 2010).

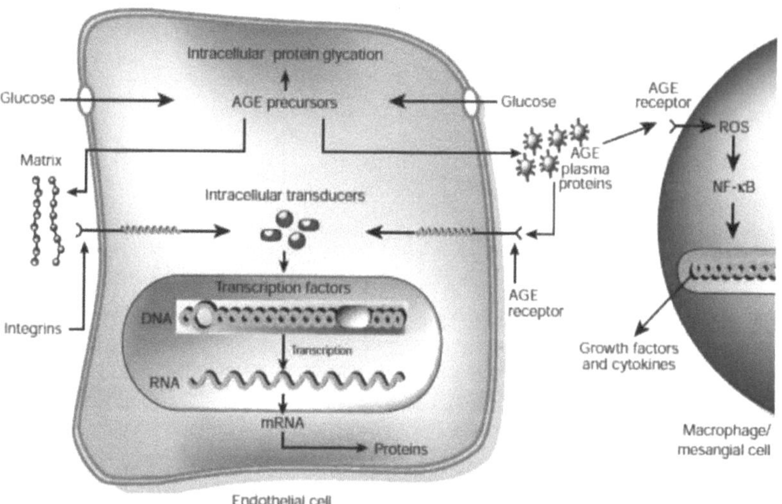

Fig 3 Mecanismos pelos quais a produção intracelular de precursores de produtos finais de glicação avançada (AGE) danifica as células vasculares.

Capítulo 6. A via da proteína quinase C:

A proteína quinase C (PKC) é uma enzima que modula as funções de outras proteínas através da sua fosforilação. A PKC é activada pelo nível elevado de diacilglicerol (DAG), derivado do aumento da formação de fosfato de triose através da hiperglicemia (Giacco e Brownlee, 2010). A hiperglicemia também pode aumentar o teor de DAG através da hidrólise da fosfatidilcolina (Nishikawa et al., 2000a). Na diabetes, os níveis elevados de fosfato de triose ocorrem através do aumento da síntese *de novo* devido à inibição da enzima glicolítica gliceraldeído fosfato desidrogenase (GAPDH) pelo aumento das ROS (Giacco e Brownlee, 2010).

Capítulo 7. Hiperglicemia e via da hexosamina:

Existem provas que implicam o papel da via da hexosamina nos efeitos tóxicos ou adversos da hiperglicemia na diabetes mellitus (Schleicher e Weigert, 2000). Em condições fisiológicas, uma pequena quantidade de frutose-6-fosfato derivada da glicólise é convertida na via da hexosamina. A glutamina: frutose-6-fosfato amidotransferase (GFAT) converte então a frutose-6-fosfato em glucosamina-6-fosfato, que é convertida em uridina difosfato-N-acetilglucosamina (UDP- GlcNAc) (Schleicher e Weigert, 2000). A enzima O-GlcNAc transferase utiliza então a UDP-GlcNAc como substrato, fixando a O-GlcNAC a resíduos proteicos de factores de transcrição como o Sp1 e modificando assim a sua expressão (Figueroa-Romero et al., 2008).

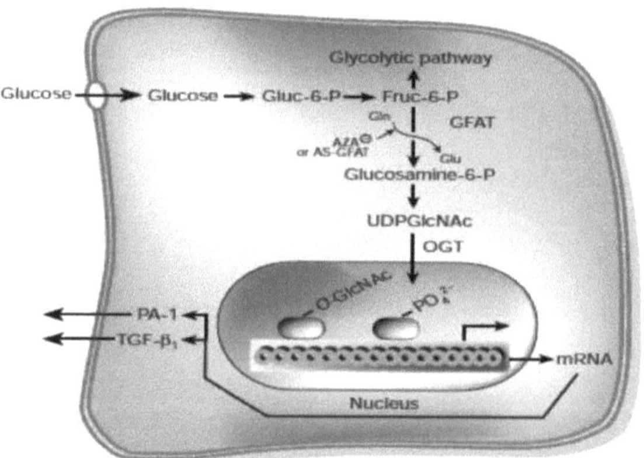

Fig 4: A via da hexosamina.

Capítulo 8. Hiperglicemia e a via da poliamida ADP ribose polimerase:

A Poly-ADP Ribose Polymerase (PARP) é uma família de enzimas que detecta o ADN de cadeia simples e dupla e repara o ADN danificado (Virag e Szabo, 2002). A ativação da PARP é uma resposta celular direta a danos no ADN induzidos pelo metabolismo ou por produtos químicos.

Quando a PARP detecta e identifica um ADN danificado, liga-se ao ADN, forma homodímeros e catalisa a clivagem do nicotinamida adenina dinucleótido (NAD^+) em icotinamida e ADPribose (Virag e Szabo, 2002). Em seguida, utiliza a ADP-ribose para sintetizar uma cadeia de poli(ADP-ribose) (PAR) que serve de sinal para várias enzimas de reparação do ADN, como a ADN ligase III e a ADN polimerase beta (polß). Num ambiente hiperglicémico, há um aumento da formação de ERO, o que leva a danos oxidativos que activam a PARP. Como resultado da utilização de NAD^+, este facto esgota as reservas celulares de NAD^+ e induz uma depleção progressiva de ATP. Isto aumenta ainda mais a vulnerabilidade das células ao stress oxidativo e aos danos, bem como à morte celular (Figueroa- Romero et al., 2008). Os dados disponíveis sugerem que a atividade catalítica da PARP pode provocar uma alteração da expressão genética, um aumento do stress oxidativo e o desvio de intermediários glicolíticos para outras vias patogénicas (Figueroa-Romero et al., 2008).

Capítulo 9. Sobreprodução de O2 mitocondrial induzida por hiperglicemia:

Dados recentes indicam que a sobreprodução mitocondrial de $O_2^{\cdot-}$ induzida pela hiperglicemia é o único mecanismo subjacente (direta ou indiretamente) pelo qual a hiperglicemia induz danos celulares (Giacco e Brownlee, 2010). Durante a fosforilação oxidativa mitocondrial, o $O_2^{\cdot-}$ é gerado devido à fuga de electrões da cadeia de transporte de electrões (CTE) para o oxigénio molecular. Em ambiente euglicémico, cerca de 0,2-2% do O_2 utilizado pela mitocôndria é reduzido a $O_2^{\cdot-}$ (Bashan et al., 2009, Brand, 2010). A rede de defesa antioxidante mantém o nível mitocondrial de ROS dentro de concentrações fisiológicas (Andreyev et al., 2005, Brand, 2010). No entanto, em ambiente hiperglicémico, o aumento do fluxo de glicose através da glicólise e do TCA provoca uma sobrecarga do ETC mitocondrial, resultando em disfunção mitocondrial e aumento da formação de ROS (Bashan et al., 2009; Brand, 2010). Níveis elevados de ROS conduzem a stress oxidativo e a danos. Os danos oxidativos no ADN podem ativar a via da polimerase de poli(ADP- ribose) (PARP) (Wei, 1998).

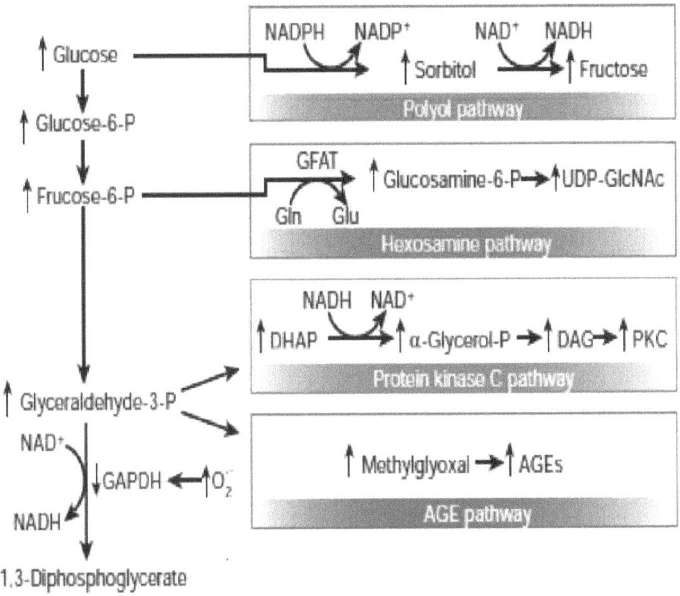

Fig. 5: Potencial mecanismo pelo qual a sobreprodução de superóxido mitocondrial induzida pela hiperglicemia ativa quatro vias de lesão hiperglicémica.

Capítulo 10. Hiperglicemia e doenças cardiovasculares:

Tanto a diabetes de tipo 1 como a de tipo 2 aumentam significativamente o risco de complicações microvasculares e macrovasculares. As complicações microvasculares caracterizam-se por retinopatia, neuropatia e nefropatia, enquanto a macroangiopatia na diabetes se manifesta por aterosclerose acelerada, que afecta os órgãos vitais (coração e cérebro) (Brownlee, 2001).

O enfarte do miocárdio, o acidente vascular cerebral e a doença vascular periférica são duas a quatro vezes mais prevalentes nestes doentes diabéticos. Além disso, os doentes diabéticos têm uma mortalidade mais elevada após um enfarte do miocárdio do que os indivíduos não diabéticos (Haffner, 2000).

A aterosclerose é uma doença inflamatória crónica caracterizada pela infiltração de lípidos e células inflamatórias, como macrófagos derivados de monócitos e linfócitos T, na parede das artérias (Ross, 1999). A diabetes mellitus é caracterizada por anomalias lipídicas, como a elevação das lipoproteínas de baixa densidade (LDL) e do colesterol (ADA, 2011). Estas anomalias são ainda mais exacerbadas pelo aumento do ambiente oxidante, que aumenta a formação de LDL oxidadas (oxLDL), LDL glicadas e oxisteróis (formados a partir da oxidação do colesterol) (Johansen et al., 2005). Os níveis elevados de LDL aumentam consideravelmente o risco de aterosclerose (Witztum e Steinberg 1991). Sob stress oxidativo, as LDL são oxidadas e modificadas para se tornarem LDL oxidadas aterogénicas. Muitas linhas de evidência apoiam esta hipótese. O LDL oxidado é absorvido pelos receptores scavenger dos macrófagos, que depois se transformam em células espumosas carregadas de lípidos, a marca patológica das lesões ateroscleróticas iniciais (Steinberg, 2002). Todos os principais tipos de células envolvidas na aterosclerose - células musculares lisas, células endoteliais e macrófagos - produzem oxidantes reactivos que podem oxidar o LDL in vitro (Morel et al., 1984). Além disso, a LDL oxidada atrai células mononucleares e estimula a produção de proteína-1 quimioatraente de monócitos e outras citocinas inflamatórias, levando à conversão de estrias gordurosas em lesões complexas mais avançadas, à medida que as células musculares lisas migram da camada média para o espaço subendotelial. As LDL oxidadas também podem estimular as células lisas a sintetizar a matriz extracelular e a ativar uma cascata de sinalização através da interação com o recetor de OxLDL semelhante a uma lectina (Pennathur e Heinecke 2007).

Na vasculatura, os AGEs interagem com as proteínas da superfície celular ou com os componentes da matriz extracelular, resultando na formação de proteínas reticuladas que aumentam a rigidez do vaso arterial (Ahmed, 2005).

Os AGEs podem também modificar as proteínas plasmáticas que, por sua vez, activam o recetor de produtos finais de glicação avançada (RAGE) em células como os macrófagos, as células endoteliais vasculares e as células musculares lisas (Giacco e Brownlee, 2010). A ligação dos AGEs ou das proteínas plasmáticas modificadas por AGEs ao RAGE induz a libertação de ROS (Nishikawa et al., 2000a; Ahmed, 2005; Giacco e Brownlee, 2010). As ROS activam a expressão de vários genes e proteínas que estão envolvidos na cascata inflamatória e implicados na patogénese da doença cardiovascular diabética. Estes genes e proteínas incluem o fator nuclear kappa, o fator de necrose tumoral a, a interleucina-1 e o fator estimulador de colónias de granulócitos e macrófagos (Nishikawa et al., 2000a, Ahmed, 2005, Giacco e Brownlee, 2010).

Do mesmo modo, o aumento dos níveis de ROS nas células endoteliais vasculares pode também reforçar a via da PKC (Nishikawa et al., 2000a). O aumento da atividade da PKC induz várias citocinas e sinais proteicos, incluindo o inibidor do ativador do plasminogénio (PAI-1), o NF-κB, as NAD(P)H oxidases, a endotelina-1, o fator de crescimento transformador α (TGF-α) e a matriz extracelular (ECM) (Nishikawa et al., 2000a). Estas alterações patológicas têm sido implicadas no espessamento da membrana basal, vasoconstrição, alteração da permeabilidade capilar, hipóxia e ativação da angiogénese (Nishikawa et al., 2000a, Figueroa-Romero et al., 2008).

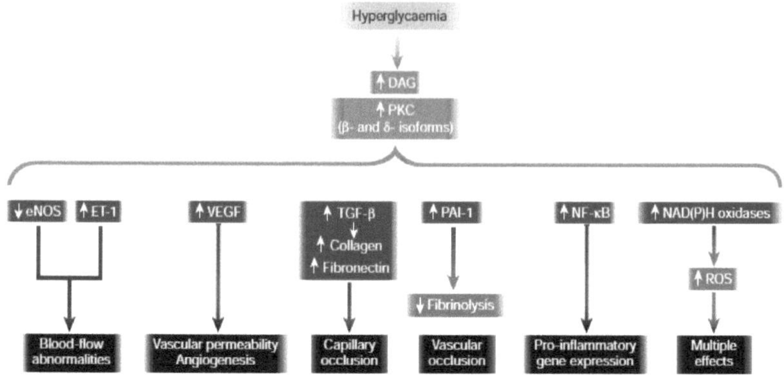

Fig. 6: Mecanismos potenciais pelos quais a hiperglicemia causa doenças cardiovasculares.

Capítulo 11. Hiperglicemia e disfunção cerebral:

Estudos em modelos experimentais e em doentes diabéticos observaram alterações na neurotransmissão, anomalias electrofisiológicas e estruturais e alterações neurocomportamentais, nomeadamente disfunção cognitiva e aumento do risco de depressão (Biessels et al., 1994).

Os efeitos a longo prazo da diabetes no cérebro manifestam-se a nível estrutural, neurofisiológico e neuropsicológico, e múltiplos factores patogénicos parecem estar envolvidos na patogénese do disfuncionamento cerebral na diabetes, tais como os episódios hipoglicémicos, as alterações cerebrovasculares, o papel da insulina no cérebro e os mecanismos de lesão induzidos pela hiperglicemia (Brands et al., 2004).

O cérebro é especialmente vulnerável aos danos oxidativos devido à sua elevada taxa de consumo de oxigénio, ao seu conteúdo lipídico abundante e à relativa escassez de enzimas antioxidantes, em comparação com outros tecidos. As células neuronais são particularmente sensíveis aos insultos oxidativos, pelo que as espécies reactivas de oxigénio (ROS) estão envolvidas em muitos processos neurodegenerativos, como a diabetes (Yuan e Yankner 2000).

Do mesmo modo, as actividades das enzimas superóxido dismutase e catalase ou glutationa peroxidase, envolvidas na defesa antioxidante do cérebro diabético, estão diminuídas (Alvarez-N'olting'' et al., 2012). No entanto, a possível fonte de stress oxidativo na lesão cerebral também inclui a autoxidação da glicose, a peroxidação lipídica e a diminuição das concentrações teciduais de antioxidantes de baixo peso molecular, como o glutatião reduzido (GSH) (Muriach et al., 2006). Esta alteração dos níveis de glutatião pode estar relacionada com um aumento da atividade da via do poliol, uma vez que conduz a uma depleção de NADPH, que é necessária para a redução enzimática do glutatião oxidado (Preet et al., 2005).

Cardoso et al. (2013) demonstraram que as mitocôndrias do hipocampo de ratos diabéticos induzidos por estreptozotocina (STZ) apresentavam níveis mais elevados de malondialdeído (MDA), juntamente com um aumento da atividade da glutationa dissulfureto redutase e uma menor atividade da superóxido dismutase do manganês e uma relação reduzida entre glutationa e glutationa dissulfureto (GSH/GSSG).

Outras vias induzidas pela hiperglicemia incluem a ativação da proteína quinase C (PKC) e o aumento do fluxo através dos produtos finais de glicação avançada (AGEs) e das vias das hexosaminas, resultando num aumento do stress oxidativo. Verificou-se também que a ativação da NADPH oxidase induzida pela hiperglicemia, as activações microgliais e as NADH oxidases aumentam o stress oxidativo na retina diabética.

Também mostrou um sistema de fosforilação oxidativa prejudicado, caracterizado por uma diminuição do potencial energético mitocondrial e dos níveis de ATP e uma fase de atraso de repolarização mais elevada (Cardoso, et al., 2013). Por outro lado, embora a insulina seja mais conhecida pelo seu envolvimento na regulação do metabolismo da glicose nos tecidos periféricos, esta hormona também afecta numerosas funções cerebrais, incluindo a cognição, a memória e a plasticidade sináptica, através de vias complexas de sinalização da insulina/recetor de insulina (IR) (Zhao e Ikon 2001).

Além disso, a insulina regula o metabolismo mitocondrial e a capacidade oxidativa através da sinalização PI3K/Akt (Stiles, 2009); por conseguinte, a diminuição da sinalização Akt por IR mediada por hiperinsulinemia pode ter efeitos profundos na função mitocondrial nos neurónios e resultar num aumento subsequente do stress oxidativo (Fisher-Wellman e Neufer 2012).

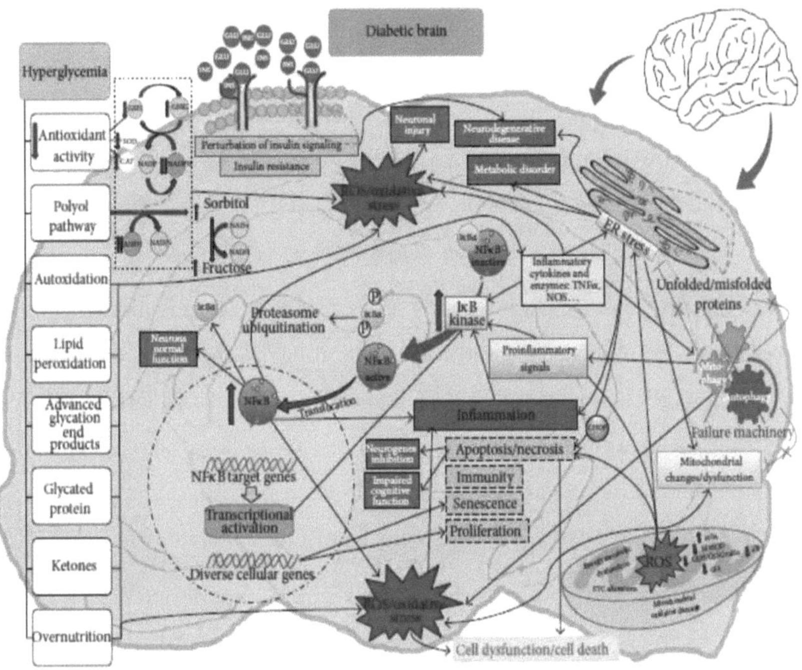

Fig. 7: Esquema que resume o envolvimento do stress oxidativo (disfunção mitocondrial e stress do RE), da inflamação e da autofagia no cérebro diabético. GSH: glutatião reduzido; GSSG: dissulfureto de glutatião; SOD: superóxido dismutase; NADP+: nicotinamida adenina dinucleótido fosfato oxidado; NADPH: nicotinamida adenina dinucleótido fosfato reduzido; NAD+: nicotinamida adenina dinucleótido oxidada; NADH: nicotinamida adenina dinucleótido reduzida; CAT: catalase; IKBa: fator nuclear do potenciador do gene do polipeptídeo leve kappa nas células B, inibidor, alfa; NFκB: fator nuclear kappa-light-chain-enhancer of activated B cells; ER: retículo endoplasmático; GLU: glucose; INS: insulina; P: fosfato; MDA: malondialdeído; ATP: adenosina trifosfato; ETC: cadeia de transporte de electrões; ROS: espécies reactivas de oxigénio; MnSOD: superóxido dismutase de manganês; GSR: glutatião redutase; CHOP: proteína de homologia C/EBP; TNFα: fator de necrose tumoral alfa; NOS: óxido nítrico sintases (Muriach et al., 2014).

A diabetes e as doenças neurodegenerativas estão associadas a estas alterações inflamatórias crónicas (Pacher, 2007). A inflamação representa um processo biológico fundamental que está na base de um grande número de condições patológicas agudas e crónicas.

A inflamação desencadeia uma série de vias de sinalização intracelular, incluindo cinases (por exemplo, MAP cinases, PI3 cinases), adaptadores, factores de transcrição (principalmente o fator nuclear κB (NFκB) e a proteína activadora-1. Estas cascatas de sinalização promovem a expressão de citocinas, quimiocinas, enzimas, factores de crescimento e outras moléculas que são necessárias para a reparação dos tecidos (Medzhitov e Horng 2009).

De um modo geral, os resultados de inúmeros estudos apontam claramente para a forte associação entre o stress oxidativo e a inflamação. Uma vez que as respostas desencadeadas pelos receptores do tipo Toll (TLRs) são transmitidas principalmente pela ativação do NFKB, que é um regulador principal da inflamação.

De facto, vários estudos sublinharam a ativação do NFKB pela hiperglicemia e a sua relação com as complicações diabéticas, tal como revisto por Patel e Santani em 2009; assim, a hiperglicemia desencadeia uma série de mecanismos que se pensa estarem subjacentes à neuropatia diabética. Estudos realizados em diferentes modelos experimentais estabeleceram que a disfunção neuronal está intimamente associada à ativação do NFKB e à expressão de citocinas pró-inflamatórias (Vincent et al., 2009).

Além disso, a via do NFκB foi revelada como um sistema molecular fundamental envolvido na inflamação patológica do cérebro (Cai e Liu 2012), e também estudos experimentais (Li et al., 2013) sugeriram que a apoptose neuronal, que está relacionada com a ativação DO NFκB, pode desempenhar um papel importante na perda neuronal e na função cognitiva prejudicada. Além disso, no hipocampo de ratos tratados com estreptozotocina, OBSERVA-SE não só um forte aumento das espécies reactivas de oxigénio, mas também uma ativação persistente do NFKB (Muriach et al., 2006). O NFKB ativado pode induzir produtos citotóxicos que exacerbam a inflamação e o stress oxidativo e promovem a apoptose, conduzindo à disfunção celular induzida pelo stress oxidativo ou à morte celular, respetivamente (Morgan e Liu 2011).

A apoptose pode ser proposta como um possível mecanismo para a morte das células neuronais do hipocampo induzida pela hiperglicemia. Foi revelado que a apoptose está implicada em várias doenças neurodegenerativas como a doença de Alzheimer, a doença de Parkinson, a doença de Huntington e a esclerose lateral amiotrófica (Bonnefont-Rousselot, 2002). A apoptose é uma ocorrência regulada por genes, caracterizada por caraterísticas morfológicas especiais, incluindo a condensação da cromatina, o encolhimento da célula e do núcleo, a rutura da membrana e a fragmentação do ADN (Wright e Davison 1980). São vários os factores que contribuem para a apoptose, mas os elementos-chave são categorizados em duas famílias principais de proteínas, incluindo as enzimas caspase e a família Bcl-2 (Baquer et al., 1990). As enzimas caspase funcionam como uma cascata e a caspase 3 é o membro mais importante desta família, que desempenha um papel eficaz na apoptose dos neurónios do sistema nervoso central. A família Bcl-2 é um conjunto de proteínas citoplasmáticas que regulam a apoptose. Os dois principais grupos desta família, as proteínas Bcl-2 e Bax, são funcionalmente opostos: Bcl-2 e Bcl- xL actuam para inibir a apoptose, enquanto Bax contraria este efeito (Sinha et al., 2008).

Anarkooli et al. (2008) demonstraram que, após 8 semanas, a expressão de Bax estava consideravelmente aumentada no hipocampo de ratos diabéticos induzidos por STZ, tanto a nível de ARNm como de proteínas, enquanto as expressões de Bcl-2 e Bcl-xL estavam significativamente reduzidas, tanto a nível de ARNm como de proteínas. Além disso, os rácios Bax/Bcl-2 e Bax/Bcl-xL, um dos principais índices de morte celular apoptótica, estavam significativamente aumentados, o que significa que a apoptose induzida pela hiperglicemia no hipocampo de ratos diabéticos induzidos por STZ poderia possivelmente ser mediada pela via mitocondrial (Duchen, 2004). Além disso, verificou-se que a atividade das caspases-3, um efector da apoptose que desempenha um papel fundamental na ligação entre as fases de compromisso e de degradação (Kroemer et al., 1994), estava significativamente aumentada no hipocampo de ratos diabéticos induzidos por STZ em comparação com ratos não diabéticos.

Capítulo 12. Hiperglicemia e retinopatia:

A retinopatia diabética (RD) é uma das principais complicações da diabetes. Causa perda de visão e cegueira em adultos em todo o mundo. A retinopatia diabética é amplamente considerada como uma doença neurovascular. Este facto contrasta com a sua anterior identidade como doença exclusivamente vascular. No início da progressão da diabetes, as principais células da componente neuronal da retina são as células ganglionares da retina e as células gliais, ambas comprometidas. Uma série de testes de função retiniana também indicou um défice funcional na retina diabética, o que apoia ainda mais a disfunção das células neuronais. Sendo uma doença endocrinológica, a diabetes altera o metabolismo tanto a nível sistémico como local em vários órgãos do corpo, incluindo a retina. Um conjunto crescente de evidências indica níveis aumentados de metabolitos excitotóxicos, incluindo glutamato, aminoácidos de cadeia ramificada e homocisteína em casos de retinopatia diabética. Também estão presentes, no início da doença, níveis diminuídos de ácido fólico e vitamina B12, que são metabolitos potenciais capazes de danificar os neurónios. Verifica-se que estes níveis alterados de metabolitos activam várias vias metabólicas, levando ao aumento do stress oxidativo e à diminuição do nível de factores neurotróficos. Como consequência, podem danificar os neurónios da retina em doentes diabéticos (Ola et al., 2013).

Numerosos estudos demonstraram que a hiperglicemia/diabetes ativa várias vias metabólicas. Estas vias medeiam o stress oxidativo, amplificando os danos nos tecidos da retina, que desempenham um papel importante na patogénese das complicações diabéticas, incluindo a RD (Abu El-Asrar et al., 2009). As fontes de stress oxidativo podem incluir o aumento do fluxo induzido pela hiperglicemia através da via do poliol, esgotando o NADPH e reduzindo os níveis intracelulares do antioxidante endógeno glutatião. Isto leva à ativação do fator nuclear kappa B (NF-κB), aumentando as citocinas pró-inflamatórias, as quimiocinas e os factores de crescimento, causando mais danos nos tecidos. Outras vias induzidas pela hiperglicemia incluem a ativação da proteína quinase C (PKC) e o aumento do fluxo através dos produtos finais de glicação avançada (AGEs) e das vias das hexosaminas, resultando num aumento do stress oxidativo. Verificou-se também que a ativação da NADPH oxidase induzida pela hiperglicemia, as activações microgliais e as NADH oxidases aumentam o stress oxidativo na retina diabética (Ola et al., 2013).

O glutamato é o principal aminoácido excitatório no cérebro e na retina. No entanto, numerosos estudos indicam que, devido à perturbação da homeostase do glutamato na retina diabética, aumentam os níveis tóxicos de glutamato extracelular na retina, o que danifica os neurónios e inicia o desenvolvimento da RD. A homocisteína (Hcys) é um aminoácido que contém enxofre. A Hcys plasmática elevada tem sido associada a complicações oculares na atrofia ótica do glaucoma secundário, na degenerescência macular relacionada com a idade (DMRI) e na RD (Brazionis et al., 2008). A homocisteína é um subproduto das reacções de transmetilação e é desintoxicada pela metionina sintetase, que depende da vitamina B12 e do folato como coenzimas para o seu funcionamento adequado (Wijekoon et al., 2007). As condições hiperglicémicas e diabéticas reduzem a expressão e a atividade do transportador de folato e diminuem o nível de folato na retina, o que pode ter implicações profundas na diabetes (Naggar et al., 2002).

Os factores neurotróficos desempenham um papel importante nas interações entre as células neuronais e vasculares, regulando assim a sobrevivência, o crescimento e a manutenção funcional destas células (Park et al., 2008). Verificou-se que a desregulação dos factores neurotróficos causa neurodegeneração e angiogénese patológica em doenças como a retinopatia diabética.

Uma vez que a retina é um tecido neuronal, produz uma quantidade substancial de factores neurotróficos, como o fator de crescimento do nervo (NGF), o fator neurotrófico derivado do cérebro (BDNF), a neurotrofina-3 (NT-3) e a NT-4. No entanto, a diabetes altera progressivamente o nível de múltiplos factores tróficos/vias de sinalização na retina, reduzindo a força dos sinais de sobrevivência e aumentando a apoptose. Entre estas neurotrofinas, o BDNF é produzido por neurónios e células gliais, que são conhecidos por manter as células neuronais. Estudos in vivo e in vitro em células cerebrais e neuronais sugerem que o BDNF afecta a diferenciação celular, a conetividade sináptica, a plasticidade, o crescimento e a sobrevivência celular

(Nagahara et al., 2011). A função biológica do BDNF é mediada por receptores de tirosina quinase de alta afinidade. O efeito do BDNF depende principalmente do nível e da afinidade de ligação ao recetor e das cascatas de sinalização a jusante após a ativação do recetor (Yoshii et al., 2010). Rohrer et al. (1999) demonstraram que a ausência de BDNF ou do seu recetor provocava alterações graves na função da retina. Além disso, foi demonstrado que o BDNF reduz os danos nas células ganglionares da retina após lesões do nervo ótico e protege os neurónios em roedores sob condições de stress oxidativo (Lom et al., 2002). Além disso, o BDNF também protege a retina de lesões isquémicas, promove a sobrevivência dos interneurónios e desempenha um papel importante nas ligações sinápticas de um grande número de neurónios (Hu et al., 2010). Além disso, foi sugerido que o BDNF proporciona um efeito neuroprotector, aumentando a captação de glutamato e a regulação positiva da glutamina sintetase nas células de Müller em condições de hipoxia (Dai et al., 2012).

Numerosos estudos registaram uma diminuição dos níveis de BDNF no soro de doentes diabéticos e em animais diabéticos. A redução do BDNF foi correlacionada com a resistência à insulina, a redução do metabolismo da glicose e dos lípidos e o aumento do consumo de alimentos (Yamanaka et al., 2008). No modelo animal da diabetes, alguns estudos mostraram que os níveis reduzidos de BDNF na retina diabética podem danificar os neurónios, conduzindo assim à neurodegeneração (Sasaki et al., 2010). No entanto, o papel do BDNF na retinopatia diabética não é totalmente compreendido. A regulação do nível de BDNF na retina diabética pode ser um alvo terapêutico promissor para proteger os neurónios.

Vários relatórios documentaram aumentos nos níveis de NGF no soro de pacientes com diabetes mellitus insulino-dependente e no soro e lágrimas de pacientes com neuropatia e retinopatia diabéticas (Park et al., 2008). O aumento dos níveis de NGF correlacionou-se positivamente com o estádio da RD e outros parâmetros da diabetes mellitus (DM). Vários estudos indicaram o fator de crescimento do nervo (NGF) como um fator que contribui para a inflamação neurogénica e a sua associação com a hipoxia (Barhwal et al., 2008).

O GDNF é um membro da família dos factores neurotróficos relacionados com o fator de crescimento transformador-ß (TGF-ß). O GDNF promove a sobrevivência dos fotorreceptores durante a degenerescência da retina, que é mediada pela interação de factores neurotróficos através de receptores nas células gliais de Müller. Estas, por sua vez, libertam factores secundários que actuam diretamente na recuperação dos fotorreceptores (Harada et al., 2003). O fator neurotrófico ciliar endógeno (CNTF) é regulado positivamente em resposta a lesões da retina e pode desempenhar um papel importante na neurodegeneração. Foi demonstrado que o tratamento com CNTF em combinação com BDNF permite recuperar fotorreceptores em explantes de retina, transmitindo assim os seus efeitos neuroprotectores (Azadi et al., 2007).

Outro fator neurotrófico importante é o fator derivado do epitélio pigmentar (PEDF), que tem propriedades neuroprotectoras. O PEDF protege os neurónios da excitotoxicidade mediada pelo glutamato. O nível de PEDF está diminuído na retinopatia diabética. Por conseguinte, o aumento da expressão do PEDF pode ser um alvo terapêutico para proteger os neurónios (Barnstable et al., 2004).

Para além do papel amplamente conhecido do VEGF na vascularização da retina, foi também referido que o VEGF é um potencial fator neurotrófico. Verificou-se que o VEGF endógeno está envolvido na manutenção e na função dos neurónios da retina. É também um fator de sobrevivência para as células fotorreceptoras (Saint-Geniez et al., 2008). Um estudo do grupo de Li demonstrou que o tratamento com VEGF protege as células ganglionares da retina em vários modelos de neurotoxicidade (Li et al., 2008). Noutro estudo, a inibição do VEGF na retina adulta normal levou a uma perda significativa de células ganglionares (Nishijima et al., 2008). Por conseguinte, é importante considerar a neuroprotecção, especialmente no caso do tratamento da retinopatia diabética proliferativa com anti-VEGF para regredir a neovascularização.

A insulina tem acções pró-sobrevivência na retina e é considerada como um importante fator neurotrófico para as células da retina. Em ratos diabéticos com deficiência de insulina, a morte da retina aumentou em poucas semanas; e foi observado um aumento da apoptose neuronal em olhos humanos diabéticos (Barber et al., 2005). A retina normal expressa uma via de sinalização basal do recetor de insulina/Akt altamente ativa. No modelo de rato diabético induzido por estreptozotocina, foi demonstrado que a diabetes prejudica progressivamente a via de sinalização constitutiva do recetor de insulina da retina através da quinase Akt e sugere que a perda desta via de sobrevivência pode contribuir para as fases iniciais da RD (Barber et al., 2001). Os neurónios da retina dependem da atividade do recetor de insulina para sobreviver (Reiter et al., 2005). A eliminação destes receptores leva à degeneração dos neurónios e fotorreceptores internos da retina. Gardner e colaboradores demonstraram que a insulina resgata os neurónios da retina da morte celular na retina de ratos diabéticos; e a injeção intraocular de insulina restaura a atividade do recetor de insulina em retinas de ratos diabéticos. A administração de doses suprafisiológicas de insulina estimula ainda mais a via de sinalização pró-sobrevivência do recetor de insulina/Akt (Ola et al., 2013).

Capítulo 13. Hiperglicemia e nefropatia diabética:

A nefropatia diabética é uma complicação crónica tanto da DM tipo 1 (destruição das células beta - falta absoluta de insulina) como da DM tipo 2 (resistência à insulina e/ou diminuição da secreção de insulina) (Reidy et al., 2014).

As principais alterações fisiopatológicas da nefropatia diabética incluem o espessamento da membrana basal glomerular (MBG), a expansão mesangial, a esclerose nodular - alteração de Kimmelstiel-Wilson, a esclerose glomerular difusa, a fibrose intersticial tubular e a arteriosclerose e hialinose dos vasos sanguíneos renais.

Existem cinco fases no desenvolvimento da nefropatia diabética. Fase I: Hiperfiltração hipertrófica. Nesta fase, a taxa de filtração glomerular (TFG) está normal ou aumentada. A fase I dura aproximadamente cinco anos desde o início da doença. O tamanho dos rins aumenta em cerca de 20% e o fluxo plasmático renal aumenta em 10%-15%, enquanto a albuminúria e a pressão arterial permanecem dentro dos valores normais.

Fase II: A fase silenciosa. Esta fase começa aproximadamente dois anos após o início da doença e caracteriza-se por danos nos rins com espessamento da membrana basal e proliferação mesangial. Ainda não existem sinais clínicos da doença. A TFG regressa aos valores normais. Muitos doentes permanecem nesta fase até ao fim da sua vida.

Fase III: A fase de microalbuminúria (albumina 30-300 mg/dU) ou nefropatia inicial. Este é o primeiro sinal clinicamente detetável de lesão glomerular. Geralmente ocorre cinco a dez anos após o início da doença. A tensão arterial pode estar aumentada ou normal. Cerca de 40% dos doentes atingem esta fase.

Fase IV: A insuficiência renal crónica (IRC) é a fase irreversível. Desenvolve-se protcinúria (albumina > 300 mg/dU), a TFG diminui para mcnos dc 60 mL/min/1,73 m2 e a pressão arterial aumenta acima dos valores normais.

Estágio V: Insuficiência renal terminal (TKF) (TFG < 15 mL/min/1,73 m2) (Vujičić et al., 2012).

Cerca de 50% dos doentes com TKF necessitam de terapia de substituição renal (diálise peritoneal, hemodiálise, transplante renal) (Mogensen , 1999).

Nas fases iniciais da nefropatia diabética, o aumento do tamanho do rim e a alteração dos indicadores Doppler podem ser os primeiros sinais morfológicos de lesão renal, enquanto a proteinúria e a TFG são os melhores indicadores do grau de lesão (Buchan, 1979).

O aumento da reabsorção tubular renal de sódio devido ao aumento dos transportadores de sódio-glicose leva ao aumento do volume de fluido extracelular, o que aumenta a TFG Num modelo experimental de DM, foi demonstrado que a hiperinsulinemia e a hiperglicemia ligeira estimulam a reabsorção de sódio nos túbulos proximais, resultando na diminuição do fluxo de fluido para os túbulos distais, o que ativa o chamado mecanismo de feedback tubuloglomerular na mácula densa. Isto provoca a dilatação da arteríola aferente e leva a um aumento da TFG (Vallon et al., 2003).

Os AGEs podem induzir a expressão de alguns factores que se considera desempenharem um papel fundamental na patogénese da nefropatia diabética, tais como o fator de crescimento transformador beta (TGF-beta) e o fator de crescimento do tecido conjuntivo (CTGF). Além disso, a ativação da PCK leva a um aumento da permeabilidade vascular, a um aumento da síntese de componentes da matriz extracelular e a um aumento da produção de espécies reactivas de oxigénio (ROS), que são importantes mediadores da lesão renal (Zhou et al., 2004).

As ROS activam mecanismos patogénicos muito importantes, como o aumento da produção de AGEs, o aumento da entrada de glicose na via do poliol e a ativação da PKC. Além disso, os ERO danificam diretamente o glicocálix endotelial, o que conduz à albuminúria sem danos simultâneos no próprio GBM (Dronavalli et al., 2008).

A hiperglicemia estimula o aumento da expressão de diferentes factores de crescimento e a ativação de citocinas, o que, de um modo geral, contribui para o agravamento da lesão renal (Navarro-Gonzalez e Mora-Fernandez 2008). Nas amostras de biópsia renal de doentes com DM tipo 2, foi encontrado um aumento significativo da expressão do fator de crescimento derivado das plaquetas (PDGF). Além disso, o local de expressão deste fator é adjacente às áreas de fibrose intersticial, o que é importante na patogénese da fibrose na lesão renal (Langham et al., 2003). A hiperglicemia também aumenta a expressão glomerular de TGF-beta; as proteínas da matriz são especificamente estimuladas por este fator de crescimento. Além disso, a expressão da proteína morfogénica óssea 7 (BMP-7) na DM está diminuída, e a expressão do TGF-beta profibrinogénico está aumentada (Turk et al., 2009).

A DKD é normalmente classificada como uma complicação microvascular da diabetes. A rutura do endotélio glomerular fenestrado e do seu glicocálix altera a permselectividade glomerular e contribui para a DKD. A perda de células endoteliais microvasculares induzida por lesões metabólicas é compensada por uma angiogénese anormal, induzindo múltiplos pequenos vasos sanguíneos frágeis, que é provavelmente mediada por VEGF, angiopoetinas, endotelinas e óxido nitroso (Jeansson et al., 2011). É necessário um equilíbrio apertado dos factores angiogénicos para manter a barreira de filtração glomerular. Por exemplo, tanto o aumento como a diminuição da expressão de VEGF provocam albuminúria e alterações glomerulares. A disfunção endotelial e a perda de capilares glomerulares e tubulointersticiais são factores-chave que contribuem para a lesão epitelial durante a progressão da DKD (Bertuccio et al., 2011).

Lesões patológicas da DKD. O glomérulo saudável normal inclui arteríolas aferentes, alças capilares, células endoteliais, membrana basal, podócitos, células epiteliais parietais e células epiteliais tubulares e é impermeável à albumina. Em contraste, o glomérulo diabético apresenta hialinose arterial, expansão mesangial, deposição de colagénio, espessamento da membrana basal, perda e hipertrofia de podócitos, albuminúria, atrofia epitelial tubular, acumulação de miofibroblastos activados e matriz, influxo de células inflamatórias e rarefação capilar (Reidy et al., 2011).

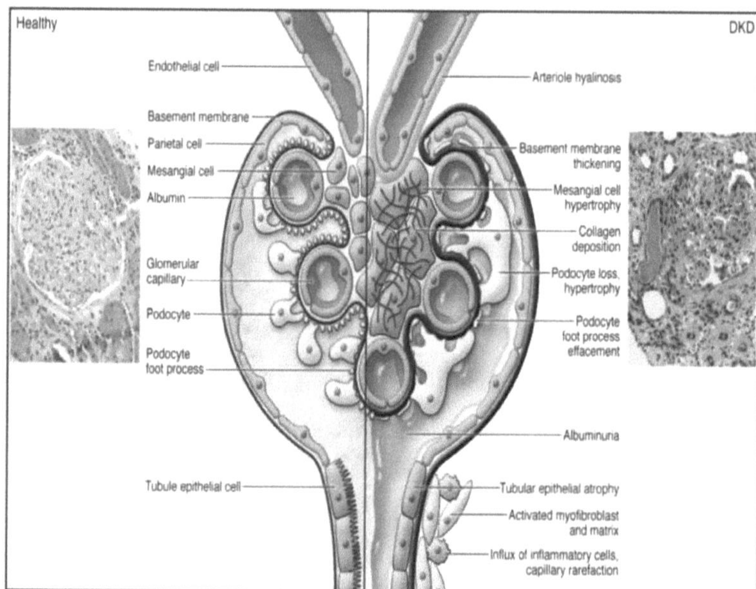

Fig. 8: Lesões patológicas da DKD. O glomérulo saudável normal inclui arteríolas aferentes, alças capilares, células endoteliais, membrana basal, podócitos, células epiteliais parietais e células epiteliais tubulares e é impermeável à albumina. Em contraste, o glomérulo diabético apresenta hialinose arterial, expansão mesangial, deposição de colagénio, espessamento da membrana basal, perda e hipertrofia de podócitos, albuminúria, atrofia epitelial tubular, acumulação de miofibroblastos activados e matriz, influxo de células inflamatórias e rarefação capilar. Também são mostradas uma secção glomerular humana normal e saudável e uma secção de rim de uma amostra com DKD (corada com PAS).

Capítulo 14. Hiperglicemia e disfunção endotelial:

A disfunção endotelial tem recebido uma atenção crescente como potencial contribuinte para a patogénese da doença vascular na diabetes mellitus. Em condições fisiológicas, há uma libertação equilibrada de factores de relaxamento e de contração derivados do endotélio, mas este delicado equilíbrio é alterado na diabetes e na aterosclerose, contribuindo assim para uma maior progressão das lesões vasculares e dos órgãos terminais (Tan et al., 2002). A hiperglicemia é o principal fator causal do desenvolvimento da disfunção endotelial em doentes com diabetes mellitus. Os ensaios clínicos identificaram a hiperglicemia como o principal fator determinante no desenvolvimento de complicações diabéticas crónicas. A formação de produtos finais de glicação avançada (AGEs) é uma anomalia bioquímica importante que acompanha a diabetes mellitus e, provavelmente, a inflamação em geral. Embora os mecanismos subjacentes a este fenómeno sejam provavelmente multifactoriais, estudos recentes in vivo e in vitro indicaram um papel crucial da via diacilglicerol (DAG)-proteína quinase C (PKC) na mediação deste fenómeno. A PKC pode ter múltiplos efeitos adversos na função vascular, incluindo a ativação de enzimas produtoras de superóxidos, como a nicotinamida adenina dinucleótido fosfato (NADPH) oxidase, bem como o aumento da expressão de uma óxido nítrico sintase endotelial desacoplada (NOS III), disfuncional e produtora de superóxidos. A produção de superóxido mediada pela PKC pode inativar o NO derivado da NOS III endotelial e pode inibir a atividade e/ou a expressão do alvo a jusante do NO, a guanilil ciclase solúvel. Os efeitos dos AGEs na homeostasia da parede dos vasos podem ser responsáveis pela aterosclerose rapidamente progressiva associada à diabetes (Hadi e Suwaidi 2007).

Impulsionados pela hiperglicemia e pelo stress oxidante, os AGEs formam-se de forma muito acelerada na diabetes. Na parede do vaso, os AGEs ligados ao colagénio podem "prender" as proteínas plasmáticas, extinguir a atividade do NO e interagir com receptores específicos para modular um grande número de propriedades celulares. Nas lipoproteínas de baixa densidade (LDL) do plasma, os AGEs iniciam reacções oxidativas que promovem a formação de LDL oxidado. A interação dos AGEs com as células endoteliais, bem como com outras células que se acumulam na placa aterosclerótica, como os fagócitos mononucleares e as células musculares lisas, proporciona um mecanismo para aumentar a disfunção vascular. Especificamente, a interação dos AGEs com os componentes da parede dos vasos aumenta a permeabilidade vascular, a expressão da atividade pró-coagulante e a geração de espécies reactivas de oxigénio, resultando num aumento da expressão endotelial das moléculas de adesão dos leucócitos endoteliais (Farhangkhoee et al 2006), enquanto a vasodilatação induzida pela hiperglicemia aguda e pela hiperinsulinemia não é acompanhada por alterações da permeabilidade microvascular ou dos marcadores endoteliais (Oomen et al 2002).

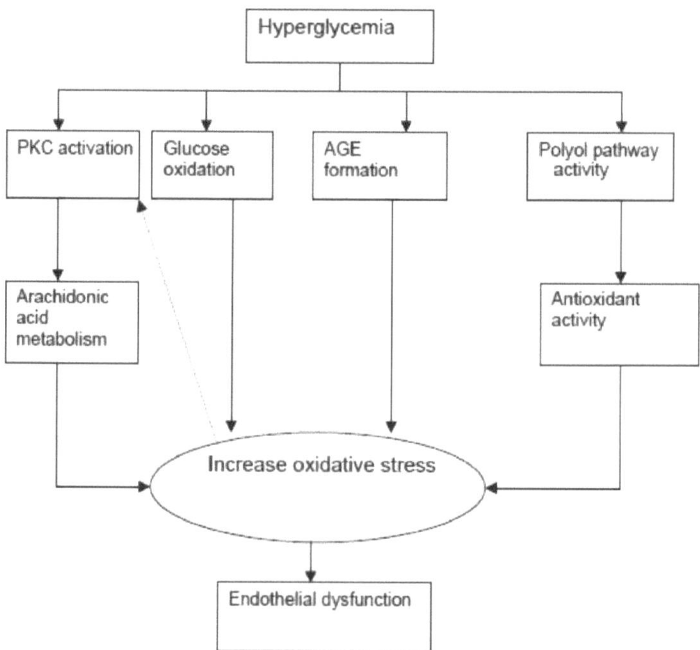

Fig 9: Potencial mecanismo pelo qual a disfunção endotelial induzida pela hiperglicemia

Capítulo 15. Hiperglicemia e lesão hepática:

O fígado tem um papel importante no metabolismo dos hidratos de carbono, uma vez que é responsável pelo equilíbrio dos níveis de glicose no sangue através da glicogenogénese e da glicogenólise (Holstein et al., 2002). Na presença de doença hepática, a homeostase metabólica da glucose é prejudicada em resultado de perturbações como a resistência à insulina, a intolerância à glucose e a diabetes (Picardi et al., 2006). A resistência à insulina ocorre não só no tecido muscular, mas também no tecido adiposo, e esta combinação com a hiperinsulinemia parece ser uma base fisiopatológica importante da diabetes na doença hepática (Garcia-Compean et al., 2009). Adicionalmente, a etiologia da doença hepática é importante na incidência da DM, uma vez que a doença hepática gorda não alcoólica (DHGNA), o álcool, o vírus da hepatite C (VHC) e a hemocromatose estão frequentemente associados à DM (Lecube et al., 2004).

A incidência de doença hepática crónica não alcoólica e de carcinoma hepatocelular (CHC) foi significativamente mais elevada em doentes diabéticos do que em doentes não diabéticos. A DHGNA inclui uma série de doenças hepáticas, como a esteatose simples, a esteato-hepatite, a fibrose e a cirrose. O fígado gordo primário resulta da acumulação de gordura, principalmente de triglicéridos nas células do fígado na presença de resistência à insulina, e ocorre frequentemente como parte da síndrome metabólica que é composta por obesidade, DM tipo 2 e dislipidemia. A esteato-hepatite não alcoólica (NASH) é uma manifestação grave da NAFLD, uma vez que provoca não só esteatose, mas também inflamação dos tecidos, danos celulares e fibrose (Angulo, 2007).

O fígado gordo resulta de uma acumulação intracelular de triglicéridos devido ao aumento da absorção de ácidos gordos livres e da liponeogénese *de novo* nos hepatócitos. Ao mesmo tempo, verifica-se uma redução da secreção hepática de lipoproteínas de muito baixa densidade.

A lesão hepática consiste em necrose celular e inflamação, e estas perturbações resultam de um aumento do stress oxidativo mitocondrial sobre os triglicéridos com a consequente geração de radicais livres e de peroxissomas (Chalasani et al., 2003). O stress oxidativo mitocondrial é também aumentado pela ação das adipocinas (citocinas produzidas pelos adipócitos), como a leptina e o fator de necrose tumoral-a (TNF-a), que são produzidas em excesso. A redução da adiponectina, que é uma adipocina reguladora, favorece a atividade das adipocinas inflamatórias. Estes mediadores químicos, derivados da inflamação e da necrose celular, assim como as adipocinas, activam as células estreladas do fígado e induzem-nas a aumentar a produção de colagénio, o fator de crescimento do tecido conjuntivo e a acumulação de matriz extracelular, favorecendo, por sua vez, a fibrose (Garcia-Compean et al., 2014) (Figura 10).

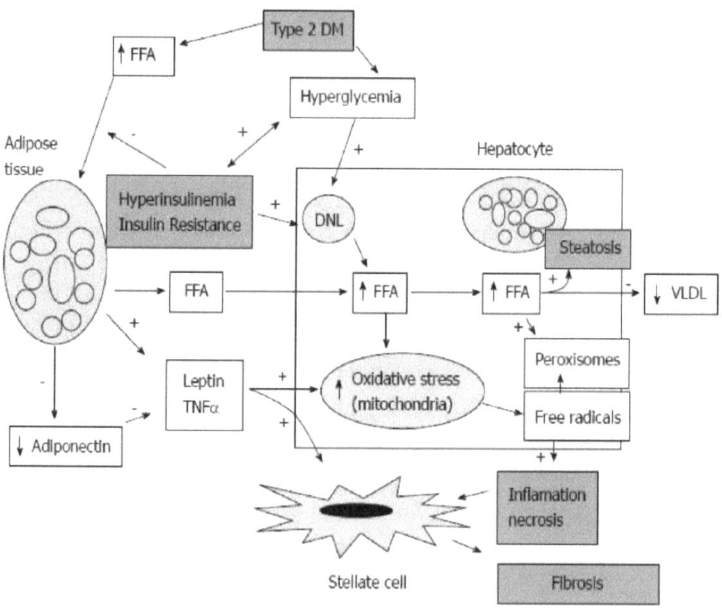

Fig 10: Lesões hepáticas causadas pela DM tipo 2 (Garcia-Compean et al., 2009).

A NASH está associada a obesidade visceral, hipertrigliceridemia e praticamente todos os doentes apresentam resistência à insulina. A obesidade é caracterizada pela expansão do tecido adiposo, que se encontra num estado de inflamação crónica, resultando num aumento da secreção de adipocinas. Estas citocinas do tecido adiposo têm um efeito sistémico, particularmente no fígado, o que leva a um estado metabólico alterado com resistência à insulina, hiperglicemia e hiperinsulinemia; estas anomalias perturbam o metabolismo hepático dos lípidos (Romero-Gomez, 2006). As citocinas, das quais o TNF-α é o membro mais estudado, estimulam as células estreladas do fígado induzindo diretamente a fibrose hepática (Qureshi et al., 2007).

A produção de oxidantes, tais como aniões superóxido do tipo ROS, peróxido de hidrogénio e radicais hidroxilo pelas células de Kupffer activadas, foi identificada como sendo fundamental para as lesões hepáticas (Wei et al., 2010). As células de Kupffer, também conhecidas como macrófagos hepáticos, são um tipo de células não parenquimatosas que ajudam a manter a integridade das células hepáticas. No entanto, estas células fagocíticas também são susceptíveis aos efeitos do stress oxidativo produzido pelas células circundantes e pelas suas próprias reacções imunitárias (Reid et al., 2006). A produção excessiva de ROS resulta em vários eventos deletérios, incluindo uma modificação oxidativa irreversível de lípidos, proteínas e hidratos de carbono (Parveen et al., 2010). Além disso, induz a apoptose nos hepatócitos e a libertação de citocinas inflamatórias, aumentando assim a expressão de moléculas de adesão e a infiltração de leucócitos. A combinação de todos estes processos provoca uma destruição maciça dos tecidos do fígado (Welt et al., 2004).

O fígado também desempenha um papel fundamental na homeostase da família de enzimas GSH. Diferentes componentes celulares, tais como o retículo endoplasmático, as mitocôndrias e o núcleo, possuem reservatórios separados de GSH. Entre estes, a GSH mitocondrial é mais essencial do que a GSH citoplasmática para manter a viabilidade celular. Actuando como primeira linha de defesa enquanto antioxidante endógeno, o processo de oxidação tem lugar no grupo tiol da GSH (Han et al., 2006). Os níveis reduzidos de GSH nos fígados de ratos diabéticos têm sido associados à depleção da atividade reduzida da GST, da GPX e da glutationa redutase e à acumulação de produtos de stress oxidativo, como os AGEs, os produtos de oxidação das proteínas e a peroxidação lipídica (Ahmed, 2005).

A inflamação desempenha um papel vital na defesa do hospedeiro através da libertação de citocinas pró-inflamatórias para proteger o hospedeiro de lesões, incluindo TNF-α, interleucina (IL)-1β e IL-6. As condições inflamatórias crónicas causam danos nos tecidos, fibrose e perda da função celular. A IL-1β pode estimular a proliferação de células T e B e induzir a libertação de moléculas de adesão, para além de desencadear a produção de outras citocinas e mediadores pró-inflamatórios, tendo assim um efeito prejudicial no fígado. A resposta biológica à IL-1β manifesta-se sobretudo através da ativação da via da quinase c-Jun N-terminal (JNK) e da translocação nuclear do NF-κB.49 Além disso, o NF-Kb pode promover direta e indiretamente a produção de ROS e RNS e aumentar a peroxidação lipídica, os AGEs e os POPs, aumentando assim os danos no tecido hepático (Banerjee e Saxena 2012).

Capítulo 16. Hiperglicemia e saúde óssea:

A diabetes pode afetar o osso através de múltiplas vias, incluindo alterações nos níveis de insulina, hipercalciúria associada à glicosúria, redução do fator de crescimento semelhante à insulina-I e diminuição das concentrações séricas de osteocalcina, bem como da fosfatase alcalina sérica (Leiding & Ziegler, 2001). Cada vez mais evidências sugerem muitas anomalias esqueléticas na diabetes tipo 1. Estas incluem a diminuição da expressão de factores de transcrição que regulam a diferenciação dos osteoblastos (Lu et al., 2003), a diminuição da densidade óssea (Valerio et al., 2002) e o aumento das fracturas por fragilidade, bem como caraterísticas deficientes de cicatrização e regeneração óssea (Nicodemus et al., 2001). Altera a remodelação óssea, reduzindo a formação de osso novo, levando à osteopenia (perda óssea ligeira, normalmente sem sintomas) (Sue et al., 2004).

A insulina tem efeitos anabólicos no osso e é tentador colocar a hipótese de que os níveis anormais de insulina contribuem para as anomalias do metabolismo ósseo (Diane et al., 2002). Foi relatado que tem um efeito direto nos osteoblastos, pelo que a deficiência de insulina diminuiu a atividade dos osteoblastos e reduziu a formação óssea (Nicodemus et al., 2001). A insulina estimula a síntese e a absorção de aminoácidos no osso, enquanto a composição proteoglífica do osso e da cartilagem é alterada na deficiência de insulina (Diane et al., 2002). Outros factores de crescimento, como o IGF-1, que podem depender em parte da insulina, podem ter uma correlação mais forte com a melhoria da formação óssea à medida que o estado metabólico é normalizado (Ueland, 2005).

Foi relatado que existe uma expressão aumentada de citocinas capazes de estimular a reabsorção óssea em diabéticos (Diane et al., 2002). Estas incluem mediadores pró-inflamatórios como a IL-1, o TNF, a IL-6 e a prostaglandina E2. Foi proposto que o nível mais elevado de expressão de citocinas associado à diabetes se deve, em parte, à formação de produtos finais de glicação avançada (Diane et al., 20002).

Foram demonstradas alterações na homeostase óssea e mineral em condições diabéticas. Verificou-se que as excreções urinárias de cálcio, magnésio e fosfato aumentam durante a hiperglicemia e estão diretamente correlacionadas com o grau de glucosúria (Hongbing et al., 2003).

O metabolismo do colagénio também é afetado em condições diabéticas, observando-se uma acumulação de colagénio excessivamente glicosilado e alterações na síntese e degradação do colagénio (Gooch et al.,2000).

A osteoprotegerina sérica (OPG) está significativamente aumentada em doentes diabéticos, o que levou a uma investigação alargada da correlação entre a produção/libertação de OPG e os níveis glicémicos (Secchiero et al., 2006). A osteoprotegerina é uma proteína pertencente à família dos receptores do fator de necrose tumoral (TNFR) capaz de se ligar ao ativador do recetor do ligando do fator nuclear kappa B (RANKL), o que impede o RANKL de se ligar ao ativador do recetor do fator nuclear kappa B (RANK) e resulta na supressão da osteoclastogénese. A osteoprotegerina elevada em doentes com DM1 pode ser a resposta do organismo ao aumento da reabsorção óssea (Jackuliak e Payer, 2014)

Os mecanismos patogénicos são em grande parte desconhecidos ou contestados e variam entre a diminuição da absorção intestinal de cálcio e o metabolismo anormal da vitamina D. Disfunção primária dos osteoblastos, estado de renovação óssea acelerado e diminuído e redução da produção de matriz óssea (Lu et al., 2003).

A resistência à insulina, a perturbação metabólica central associada à acumulação de gordura, está associada a alterações metabólicas (ou seja, aumento dos ácidos gordos livres e hipertrigliceridemia), endócrinas (ou seja, aumento dos glucocorticóides e androgénios) e pró-inflamatórias (ou seja, citocinas e fator de necrose tumoral). Durante a última década, o papel do tecido adiposo como local exclusivo de armazenamento de energia passou a ser uma fonte endócrina de moduladores activos da sensibilidade à insulina, como a leptina, a adiponectina, a resistina e as citocinas. Além disso, o tecido adiposo visceral tem uma atividade lipolítica aumentada e liberta rapidamente ácidos gordos livres (AGL) para o fígado e o pâncreas, provocando assim lipotoxicidade. A insulina, bem como estes factores do tecido adiposo, também influencia a remodelação óssea. Estudos anteriores mostraram que o peso corporal se correlaciona positivamente com a densidade mineral óssea. Além disso, a rápida perda de peso em indivíduos gravemente obesos pode induzir a perda óssea (Jackuliak e Payer 2014).

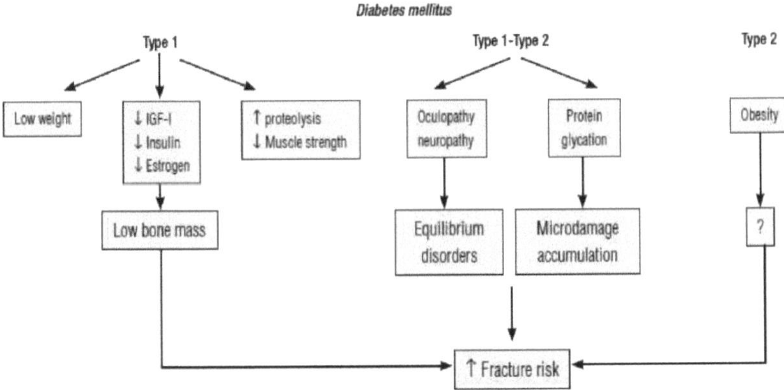

Fig11: Mecanismos potenciais pelos quais a hiperglicemia causa osteoprose.

Capítulo 17. Diabetes experimental

Os modelos animais experimentais são uma das melhores estratégias para a compreensão da fisiopatologia de qualquer doença, a fim de conceber e desenvolver os medicamentos para o seu tratamento. Nas últimas décadas, foram desenvolvidos numerosos modelos animais para estudar a diabetes mellitus e testar agentes anti-diabéticos que incluem manipulações químicas, cirúrgicas e genéticas (Rohilla e Ali 2012).

A indução de diabetes experimental no rato utilizando substâncias químicas que destroem seletivamente as células B pancreáticas é muito conveniente e simples de utilizar. As substâncias mais úteis para induzir a diabetes na ratazana são o aloxano e a estreptozotocina (STZ). Estreptozotocina: A STZ é uma 2-desoxi-2-(3-(metil-3-nitrosoureido)-D-glucopiranose) sintetizada por Streptomycetes achromogenes. É utilizada para induzir diabetes mellitus insulino-dependente (IDDM) e não insulino-dependente (NIDDM) (Szkudelski, 2001).

A ação da estreptozotocina nas células β é acompanhada por alterações caraterísticas nas concentrações de insulina e glicose no sangue. Duas horas após a injeção, a hiperglicemia é observada com uma queda concomitante da insulina no sangue. Cerca de seis horas mais tarde, ocorre hipoglicemia com níveis elevados de insulina no sangue. Por fim, a hiperglicemia desenvolve-se e os níveis de insulina no sangue diminuem (West et al., 1996). Estas alterações nas concentrações de glicose e insulina no sangue reflectem anomalias na função das células β (Bedoya et al., 1996).

A ação intracelular da STZ resulta em alterações do ADN nas células β pancreáticas, incluindo a sua fragmentação (Morgan et al., 1994). As experiências demonstraram que a principal razão para a morte das células β induzida pela STZ é a alquilação do ADN (Elsner et al., 2000). Os danos no ADN induzem a ativação da poli ADP-ribosilação, um processo que é mais importante para a diabetogenicidade da STZ do que os próprios danos no ADN. A poli ADP-ribosilação leva à depleção de NAD+ e ATP celulares. O aumento da desfosforilação do ATP após o tratamento com STZ fornece um substrato para a xantina oxidase, resultando na formação de radicais superóxido. Consequentemente, são também gerados peróxido de hidrogénio e radicais hidroxilo. Além disso, a STZ liberta quantidades tóxicas de óxido nítrico que inibe a atividade da aconitase e participa na lesão do ADN. A STZ também prejudica a oxidação da glucose, diminui a biossíntese e a secreção de insulina (Szkudelski, 2001).

Os animais diabéticos induzidos por estreptozotocina também apresentam muitas das complicações observadas na diabetes humana, incluindo maior suscetibilidade a infecções e doenças cardiovasculares, retinopatia, alterações na angiogénese, atraso na cicatrização de feridas, diminuição da expressão de factores de crescimento e redução da formação óssea (Szkudelski 2001). O aloxano (2,4,5,6-tetraoxipirimidina; 2,4,5,6-pirimidinetetrona) é um derivado oxigenado da pirimidina que se apresenta como hidrato de aloxano em solução aquosa. Tem sido amplamente utilizado para produzir diabetes experimental em animais como coelhos, ratos, ratinhos e cães com diferentes graus de gravidade da doença, variando a dose de aloxano utilizada (Iranloye et al., 2011). Como é amplamente aceite que o aloxano destrói seletivamente as células beta produtoras de insulina que se encontram no pâncreas, é utilizado para induzir diabetes em animais de laboratório. A ação tóxica do aloxano nas células beta pancreáticas envolve a oxidação de grupos sulfidrilo essenciais (grupos -SH), o processo de redução ocorre na presença de diferentes agentes redutores como glutatião reduzido (GSH), cisteína, ascorbato e grupos sulfidrilo (-SH) ligados a proteínas (Lenzen et al., 1991). O aloxano reage com dois grupos -SH no local de ligação do açúcar da glucoquinase, resultando na formação de uma ligação dissulfureto e na inativação da enzima. Como resultado da redução do aloxano, forma-se ácido dialúrico, que é depois re-oxidado novamente em aloxano, estabelecendo um ciclo redox para a geração de espécies reactivas de oxigénio (ROS) e radicais superóxido (Sakurai et al., 1995). Os radicais superóxido libertam iões férricos da ferritina e reduzem-nos a iões ferrosos e férricos.[38] Além disso, os radicais superóxido sofrem dismutação para produzir peróxido de hidrogénio (H_2O_2) na presença de superóxido dismutase. Como resultado, formam-se radicais hidroxilo altamente reactivos de acordo com a reação de Fenton na presença de iões ferrosos e H_2O_2.

Outro mecanismo que tem sido referido é o efeito das ROS no ADN dos ilhéus pancreáticos. A fragmentação do ADN ocorre nas células beta expostas ao aloxano, causando danos no ADN, o que estimula a poli ADP-ribosilação, um processo que participa na reparação do ADN. Verificou-se que os antioxidantes como a superóxido dismutase, a catalase e os sequestradores não enzimáticos de radicais hidroxilo protegem contra a toxicidade do aloxano (Park et al., 1995). Além disso, foi também referido que a perturbação da homeostase do cálcio intracelular constitui um passo importante na ação diabetogénica do aloxano. $^{2+}$ Verificou-se que o aloxano eleva a concentração de Ca livre citosólico nas células beta dos ilhéus pancreáticos. O influxo de cálcio resulta da capacidade do aloxano para despolarizar as células beta pancreáticas, o que abre ainda mais os canais de cálcio dependentes da voltagem e aumenta a entrada de cálcio nas células pancreáticas. O aumento da concentração do ião Ca^{2+} contribui ainda para a libertação suprafisiológica de insulina que, juntamente com as ERO, causa danos nas células beta das ilhotas pancreáticas. (Rohilla e Ali 2012).

Referências

Abu El-Asrar, A.M.; Al-Mezaine, H.S.; Ola, M.S. Fisiopatologia e gestão da retinopatia diabética. Expert Rev. Ophthalmol. 2009, 4, 627-647.

ADA (2011). Associação Americana de Diabetes. Diagnóstico e classificação da diabetes mellitus. Diabetes Care, Vol. 34 Suppl 1, No. pp. S62-69.

Ahmed N. Produtos finais de glicação avançada: Role in pathology of diabetic complications. Diabetes Res Clin Pract 2005; 67:3-21.

Ahmed, N. (2005). Produtos finais de glicação avançada - papel na patologia das complicações diabéticas. Diabetes Res Clin Pract, Vol. 67, No. 1, pp. 3-21.

Alvarez-Nolting R., E. Arnal, J. M. Barcia,M.Miranda, and F. J. Romero, "Protection by DHA of early hippocampal changes in diabetes: possible role of CREB and NF-κB," Neurochemical Research, vol. 37, no. 1, pp. 105-115, 2012.

Anarkooli IJ, Sankian M, Ahmadpour S, Varasteh A e Haghir H. Avaliação da expressão do gene da família Bcl-2 e da atividade da caspase-3 em ratos diabéticos induzidos por STZ no hipocampo. Hindawi Publishing Corporation Experimental Diabetes Research Volume 2008, Artigo ID 638467, 6 páginas.

Andreyev, A. Y., Kushnareva, Y. E. & Starkov, A. A. (2005). Metabolismo mitocondrial de espécies reactivas de oxigénio. Biochemistry (Mosc), Vol. 70, No. 2, pp. 200214.

Angulo P. GI epidemiology: nonalcoholic fatty liver disease. Aliment Pharmacol Ther 2007; 25: 883-889.

Asayama K, Hayashibe H, Dobashi K, Niitsu T, Miyao A, Kato K. Antioxidant enzyme status and lipid peroxidation in various tissues of diabetic and starved rats. Diabetes Res 1989;12(2):85-91.

Azadi, S.; Johnson, L.E.; Paquet-Durand, F.; Perez, M.T.; Zhang, Y.; Ekstrom, P.A.; van Veen, T. CNTF + BDNF treatment and neuroprotective pathways in the rd1 mouse retina. Brain Res. 2007, 1129, 116-129.

Banerjee M, Saxena M. Interleukin-1 (IL-1) family of cytokines: Role in type 2 diabetes. Clin Chim Ata 2012; 413:1163-70.

Baquer N. Z., Hothersall J. S., McLean P., e Greenbaum A. L., "Effect of aging on soluble andmembrane bound enzymes in rat brain," Neurochemistry International, vol. 16, no. 3, pp. 369-375, 1990.

Barber A.J.; Antonetti, D.A.; Kern, T.S.; Reiter, C.E.; Soans, R.S.; Krady, J.K.; Levison, S.W.; Gardner, T.W.; Bronson, S.K. O rato Ins2Akita como modelo de complicações retinianas precoces na diabetes. Invest. Ophthalmol. Vis. Sci. 2005, 46, 2210-2218.

Barber, A.J.; Nakamura, M.; Wolpert, E.B.; Reiter, C.E.; Seigel, G.M.; Antonetti, D.A.; Gardner, T.W. Insulin rescues retinal neurons from apoptosis by a phosphatidylinositol 3-kinase/Akt-mediated mechanism that reduces the activation of caspase-3. J. Biol. Chem. 2001, 276, 32814-32821.

Barhwal, K.; Hota, S.K.; Prasad, D.; Singh, S.B.; Ilavazhagan, G. Desativação da sinalização ERK1/2 mediada por NGF em células do hipocampo induzida por hipoxia: Neuroprotecção por acetil-L-carnitina. J. Neurosci. Res. 2008, 86, 2705-2721.

Barnstable, C.J.; Tombran-Tink, J. Acções neuroprotectoras e antiangiogénicas do PEDF no olho: Alvos moleculares e potencial terapêutico. Prog. Retin. Eye Res. 2004, 23, 561-577.

Bashan, N., Kovsan, J., Kachko, I., Ovadia, H. & Rudich, A. (2009). Regulação positiva e negativa da sinalização da insulina por espécies reactivas de oxigénio e azoto. Physiol Rev, Vol 89, No. 1, pp. 27-71.

Bedoya FJ, Solano F, Lucas M (1996): N-monometil-arginina e nicotinamida previnem a formação de quebras de DNA de cadeia dupla induzidas por estreptozotocina em ilhotas pancreáticas de ratos. Experientia 52:344-347.

Bertuccio C, Veron D, Aggarwal PK, Holzman L, Tufro A. A interação direta do recetor 2 do fator de crescimento endotelial vascular com a nefrina liga os sinais VEGF-A à atuação nos podócitos renais. J Biol Chem. 2011;286(46):39933-39944.

Biessels G. J., A. C. Kappelle, B. Bravenboer, D. W. Erkelens, e W. H. Gispen, "Cerebral function in diabetes mellitus," Diabetologia, vol. 37, no. 7, pp. 643-650, 1994.

Bonnefont-Rousselot D. "Glucose and reactive oxygen species," Current Opinion in Clinical Nutrition andMetabolic Care, vol. 5, no. 5, pp. 561-568, 2002.

Brand, M. D. (2010). Os locais e a topologia da produção de superóxido mitocondrial. Exp Gerontol, Vol. 45, No. 7-8, pp. 466-472.

Brands M. W., T. D. Bell, e B. Gibson, "Nitric oxide may prevent hypertension early in diabetes by counteracting renal actions of superoxide," Hypertension, vol. 43, no. 1, pp. 57-63, 2004.

Brazionis, L.; Rowley, K., Sr.; Itsiopoulos, C.; Harper, C.A.; O'Dea, K. Homocisteína e retinopatia diabética. Diabetes Care 2008, 31, 50-56.

Brownlee M (2001): Biochemistry and molecular cell biology of diabetic complications. NATURE ; VOL 414.

Brownlee, M. (2005). A patobiologia das complicações diabéticas: um mecanismo unificador. Diabetes, Vol. 54, No. 6, pp. 1615-1625.

Buchan IE (1997) Arcus QuickStat Biomedical version. Cambridge: Addison Wesley Longman Ltd.

Cai D.e Liu T., "Inflammatory cause of metabolic syndrome via brain stress andNF-κB," Aging, vol. 4, no. 2, pp. 98-115, 2012.

Cardoso S, R. X. Santos, S. C. Correia et al., "Insulin-induced recurrent hypoglycemia exacerbates diabetic brain mitochondrial dysfunction and oxidative imbalance," Neurobiology of Disease, vol. 49, no. 1, pp. 1-12, 2013.

Chalasani N, Gorski JC, Asghar MS, Asghar A, Foresman B, Hall SD, Crabb DW. Hepatic cytochrome P450 2E1 activity in nondiabetic patients with nonalcoholic steatohepatitis. Hepatology 2003; 37: 544-550

Cheng Z., Y. Tseng, e M. F. White, "Insulin signaling meets mitochondria in metabolism," Trends in Endocrinology and Metabolism, vol. 21, no. 10, pp. 589-598, 2010.

Dai, M.; Xia, X.-B.; Xiong, S.-Q. O BDNF regula a GLAST e a glutamina sintetase nas células Müller da retina do rato. J. Cell. Physiol. 2012, 227, 596-603 .

Diane L. Chau, MD e Steven V. Edelman, MD (2002): Osteoporosis and Diabetes, Clinical Diabetes 20:153-157.

Dronavalli S, Duka I, Bakris GL (2008). A patogénese da nefropatia diabética. Nat. clin. pract. endocrinol. metab. 4:444-4452.

Du XL, Edelstein D, Rossetti L, Fantus IG, Goldberg H, Ziyadeh F, Wu J e Brownlee M. A sobreprodução de superóxido mitocondrial induzida pela hiperglicemia ativa a via das hexosaminas e induz a expressão do inibidor do ativador do plasminogénio-1 através do aumento da glicosilação de Sp-1. Proc Natl Acad Sci USA 97: 12222-12226, 2000.

Duchen M. R., "Mitochondria in health and disease: perspectives on a new mitochondrial biology," Molecular Aspects of Medicine, vol. 25, no. 4, pp. 365-451, 2004.

Dugan L. L., Sensi S. L., Canzoniero L. M. T. et al., "Mitochondrial production of reactive oxygen species in cortical neurons following exposure to N-methyl-D-aspartate," The Journal of Neuroscience, vol. 15, no. 10, pp. 6377-6388, 1995.

Dyer DG, Dunn JA, Thorpe SR, Bailie KE, Lyons TJ, McCance DR e Baynes JW. Accumulation of maillard reaction products in skin collagen in diabetes and aging. J Clin Invest 91: 2463-2469, 1993.

Edelstein D e Brownlee M. Aminoguanidine ameliorates albuminuria in diabetic hypertensive rats. Diabetologia 35: 96-97, 1992.

Elsner M, Guldbakke B, Tiedge M, Munday R, Lenzen S. (2000): Relative importance of transport and alkylation for pancreatic beta-cell toxicity of streptozotocin. Diabetologia. 43: 1528-1533.

Erejuwa OO. Stress Oxidativo na Diabetes Mellitus: Is There a Role for Hypoglycemic Drugs and/or Antioxidants? ISBN 978-953-51-0552-7 Capa dura, 610 páginas.

Experimental Diabetes Research Volume 2008, Artigo ID 638467, 6 páginas.

Farhangkhoee H, Khan ZA, Kaur H, et al. 2006. Vascular endothelial dysfunction in diabetic cardiomyopathy: Pathogenesis and potential treatment targets. Pharmacol Ther, 111:384-99.

Feher J, Cosmos G, Vereckei A. Free Radical Reactions in Medicine. Berlin: SpringerVerlag; 1987.

Feldman EL. Oxidative stress and diabetic neuropathy: a new understanding of an old problem. J Clin Invest 111: 431-433, 2003.

Figueroa-Romero, C., Sadidi, M. & Feldman, E. L. (2008). Mechanisms of disease: the oxidative stress theory of diabetic neuropathy (Mecanismos da doença: a teoria do stress oxidativo da neuropatia diabética). Rev Endocr Metab Disord, Vol. 9, No. 4, pp. 301-314.

Fisher-Wellman K. H. e P. D. Neufer, "Linking mitochondrial bioenergetics to insulin resistance via redox biology," Trends in Endocrinology and Metabolism, vol. 23, no. 3, pp. 142-153, 2012.

Fu MX, Requena JR, Jenkins AJ, Lyons TJ, Baynes JW e Thorpe SR. The advanced glycation end product, Nepsilon-(carboxymethyl) lysine, is a product of both lipid peroxidation and glycoxidation reactions. J Biol Chem 271: 9982-9986, 1996.

Garcia-Compean D, Jaquez-Quintana JO, Gonzalez-Gonzalez JA, Maldonado-Garza H. Liver cirrhosis and diabetes: Risk factors, pathophysiology, clinical implications and management. World J Gastroenterol 2009; 15:280-8.

Gaut JP, Byun J, Tran HD, Lauber WM, Carroll JA, Hotchkiss RS, Belaaouaj A, e Heinecke JW. Myeloperoxidase produces nitrating oxidants in vivo. J Clin Invest 109: 1311-1319, 2002.

Giacco, F. & Brownlee, M. (2010). Stress oxidativo e complicações diabéticas. Circ Res, Vol. 107, No. 9, pp. 1058-1070.

Glass CK e Witztum JL. Atherosclerosis. the road ahead. Célula 104: 503-516, 2001.

Goldstein JL, Ho YK, Basu SK, e Brown MS. Local de ligação nos macrófagos que medeia a absorção e a degradação da lipoproteína de baixa densidade acetilada, produzindo uma deposição maciça de colesterol. Proc Natl Acad Sci USA 76: 333-337, 1979.

Gooch H, Hale J, Fujioka H, Balian G, e Hurwitz SR (2000): Alterações da expressão da cartilagem e do colagénio durante a consolidação de fracturas na diabetes experimental. Connect Tissue Res 41:81-91.

Hadi HAR e Suwaidi ja . Disfunção endotelial na diabetes mellitus. Saúde Vascular e Gestão de Riscos 2007:3(6) 853-876.

Haffner SM. Coronary heart disease in patients with diabetes. N Engl J Med 342: 10401042, 2000.

Han D, Hanawa N, Saberi B, Kaplowitz N. Mechanisms of liver injury: III - Papel do estado redox da glutationa na lesão hepática. Am J Physiol Gastrointest Liver Physiol 2006; 291:G1-7.

Harada, C.; Harada, T.; Quah, H.M.; Maekawa, F.; Yoshida, K.; Ohno, S.; Wada, K.; Parada, L.F.; Tanaka, K. Potencial papel dos receptores do fator neurotrófico derivado da linha celular glial nas células gliais de Müller durante a degenerescência da retina induzida pela luz. Neuroscience 2003, 122, 229-235.

Hogg N, Kalyanaraman B, Joseph J, Struck A, Parthasarathy S. Inhibition of low-density lipoprotein oxidation by nitric oxide. Potencial papel na aterogénese. FEBS Lett 1993;334(2):170-174.

Holstein A, Hinze S, Thiessen E, Plaschke A, Egberts EH. Implicações clínicas da diabetes hepatogénica na cirrose hepática. J Gastroenterol Hepatol 2002; 17: 677-681.

Hongbing He, Rongkun Liu, Tesfahun Desta, Cataldo Leone, Louis C. Gerstenfeld e Dana T. Graves (2003): Diabetes causes decreased osteoclastogenesis, reduced bone formation, and enhanced apoptosis of osteoblastic cells in bacteria stimulated bone loss. Endocrinology, 145, No. 1 447-452.

Hori O, Yan SD, Ogawa S, Kuwabara K, Matsumoto M, Stern D, Schmidt AM. O recetor para produtos finais de glicação avançada tem um papel central na mediação dos efeitos dos produtos finais de glicação avançada no desenvolvimento de doenças vasculares na diabetes mellitus. Nephrol Dial Transplant 1996;11(Suppl 5):13-16.

Hu, Y.; Cho, S.; Goldberg, J.L. Neurotrophic effect of a novel TrkB agonist on retinal ganglion cells. Invest. Ophthalmol. Vis. Sci. 2010, 51, 1747-1754.

Iranloye BO, Arikawe AP, Rotimi G, Sogbade AO. Efeitos anti-diabéticos e antioxidantes do Zingiber Officinale em ratos machos diabéticos induzidos por aloxana e resistentes à insulina. Niger J Physiol Sci 2011;26:89-96.

Jackuliak P e Payer J. Osteoporosis, Fractures, and Diabetes (Osteoporose, Fracturas e Diabetes). Revista Internacional de Endocrinologia Volume 2014, Artigo ID 820615, 10 páginas

Jeansson M, et al. Angiopoietin-1 is essential in mouse vasculature during development in response to injury. J Clin Invest. 2011;121(6):2278-2289.

Jiang ZY, Woollard AC, Wolff SP. Hydrogen peroxide production during experimental protein glycation. FEBS Lett 1990;268(1):69-71.

Johansen, J. S., Harris, A. K., Rychly, D. J. & Ergul, A. (2005). Oxidative stress and the use of antioxidants in diabetes: linking basic science to clinical practice. Cardiovasc Diabetol, Vol. 4, No. 1, pp. 5.

Kawamura M, Heinecke JW, Chait A. Concentrações fisiopatológicas de glucose promovem a modificação oxidativa da lipoproteína de baixa densidade por uma via dependente de superóxido. J Clin Invest 1994;94(2):771-778.

Kroemer G., Dallaporta B., e Resche-Rigon M., "The mitochondrial death/life regulator in apoptosis and necrosis," Annual Review of Physiology, vol. 60, pp. 619642, 1998.

Langham RG, Kelly DJ, Maguire J, Dowling JP, Gilbert RE, Thomson NM (2003) Sobreexpressão do fator de crescimento derivado das plaquetas na nefropatia diabética humana. Nephrol. dial. transplant. 18:1392-1396.

Lecube A, Hernandez C, Genesca J, Esteban JI, Jardi R, Simo R. Elevada prevalência de anomalias da glucose em doentes com infeção pelo vírus da hepatite C: uma análise multivariada tendo em conta a lesão hepática. Diabetes Care 2004; 27: 1171-1175.

Leidig - Bruckner G & Ziegler R (2001): diabetes mellitus um risco para a osteoporose. Exp Clin Endocrinol Diabetes 109 suppl 2 : 5493 .

Lenzen S, Munday R. Thiol-group reactivity, hydrophilicity and stability of alloxan, its reduction products and its Nmethyl derivatives and a comparison with ninhydrin. Biochem Pharmacol 1991;42:1385-91.

Li H., Horke S., and "orstermann U. F, "Oxidative stress in vascular disease and its pharmacological prevention," Trends in Pharmacological Sciences, vol. 34, no. 6, pp. 313-319, 2013.

Li, Y.; Zhang, F.; Nagai, N.; Tang, Z.; Zhang, S.; Scotney, P.; Lennartsson, J.; Zhu, C.; Qu, Y.; Fang, C.; et al. O VEGF-B inibe a apoptose através da supressão da expressão dos genes da proteína BH3 apenas mediada pelo VEGFR-1 em ratinhos e ratos. J. Clin. Invest. 2008, 118, 913-923.

Lom, B.; Cogen, J.; Sanchez, A.L.; Vu, T.; Cohen-Cory, S. O fator neurotrófico derivado do cérebro local e derivado do alvo exerce efeitos opostos na arborização dendrítica das células ganglionares da retina in vivo. J. Neurosci. 2002, 22, 7639-7649.

Lu H, Kraut D, Gerstenfeld LC, Graves DT (2003): A diabetes interfere com a formação óssea ao afetar a expressão de factores de transcrição que regulam a diferenciação dos osteoblastos. Endocrinology 144:346-352.

Maritim AC, Sanders RA, Watkins JB 3rd. Diabetes, stress oxidativo e antioxidantes: A review. J Biochem Mol Toxicol 2003; 17:24-38. doi: 10.1002/jbt.10058.

Medzhitov R e Horng T. "Transcriptional control of the inflammatory response, "Nature Reviews Immunology, vol. 9, no. 10, pp. 692-703, 2009.

Mogensen CE (1999) Microalbuminúria, pressão arterial e doença renal diabética: origem e desenvolvimento de ideias. Diabetologia. 42:263-285.

Morel DW, DiCorleto PE, e Chisolm GM. As células endoteliais e do músculo liso alteram a lipoproteína de baixa densidade in vitro através da oxidação de radicais livres. Arteriosclerosis 4: 357-364, 1984.

Morgan M. J. e Liu Z. G., "Crosstalk of reactive oxygen species and NF -kappaB signaling," Cell Research, vol. 21, pp. 103-115, 2011.

Morgan NG, Cable HC, Newcombe NR, Williams GT (1994): Treatment of cultured pancreatic B-cells with streptozotocin induces cell death by apoptosis . Biosci Rep 14:243-250.

Muriach M, Flores-Bellver M, Romero FJ, e Barcia JM . Diabetes e o Cérebro: Stress Oxidativo, Inflamação e Autofagia. Hindawi Publishing Corporation Medicina Oxidativa e Longevidade Celular Volume 2014, Artigo ID 102158, 9 páginas.

Muriach M., F. Bosch-Morell, G. Alexander et al., "Lutein effect on retina and hippocampus of diabetic mice," Free Radical Biology and Medicine, vol. 41, no. 6, pp. 979-988, 2006.

Nagahara, A.H.; Tuszynski, M.H. Potenciais utilizações terapêuticas do BDNF em perturbações neurológicas e psiquiátricas. Nat. Rev. Drug. Discov. 2011, 10, 209-219.

Naggar, H.; Ola, M.S.; Moore, P.; Huang, W.; Bridges, C.C.; Ganapathy, V.; Smith, S.B. Downregulation of reduced-folate transporter by glucose in cultured RPE cells and in RPE of diabetic mice. Invest. Ophthalmol. Vis. Sci. 2002, 43, 556-563.

Navarro-Gonzalez JF, Mora-Fernandez C (2008). O papel das citocinas inflamatórias na nefropatia diabética. J. am. soc. nephrol. 19:433-442.

Nicodemus KC, Folsom AR (2001): Type 1 and type 2 diabetes and incidence of hip fractures in postmenopausal women, Diabetes Care. 24:1192-1197.

Nishijima, K.; Ng, Y.; Zhong, L.; Bradley, J.; Schubert, W.; Jo, N.; Akita, J.; Samuelsson, S.J.; Robinson, G.S.; Adamis, A.P.; et al. Vascular Endothelial Growth

Fator-A Is a Survival Fator for Retinal Neurons and a Critical Neuroprotectant during the Adaptive Response to Ischemic Injury. Am. J. Pathol. 2007, 171, 53-67.

Nishikawa, T., Edelstein, D. & Brownlee, M. (2000a). The missing link: a single unifying mechanism for diabetic complications. Kidney Int Suppl, Vol. 77, No. pp. S26- 30.

Oberley LW. Radicais livres e diabetes. Free Radic Biol Med 1988;5:113-124.

Ola MS, Nawaz MI, Khan HA e Alhomida AS. Neuro degeneração e neuro proteção na retinopatia diabética. Int. J. Mol. Sci. 2013, 14, 2559-2572.

Oomen PH, Kant GD, Dullaart RP, et al. 2002. A hiperglicemia aguda e a hiperinsulinemia aumentam a vasodilatação na diabetes mellitus tipo 1 sem aumentar a permeabilidade capilar e induzir disfunção endotelial. Microvasc Res, 63:1-9.

Pacher P., Beckman J. S., e Liaudet L., "Nitric oxide and peroxynitrite in health and disease," Physiological Reviews, vol. 87, no. 1, pp. 315-424, 2007.

Park BH, Rho HW, Park JW, Cho CG, Kim JS, Chung HT, Kim HR: Mecanismo de proteção da glucose contra a lesão das células beta pancreáticas induzida pelo aloxano. Biochem Biophys Res Commun 1995;210:1-6.

Park, K.S.; Kim, S.S.; Kim, J.C.; Kim, H.C.; Im, Y.S.; Ahn, C.W.; Lee, H.K. Serum and tear levels of nerve growth fator in diabetic retinopathy patients. Am. J. Ophthalmol. 2008, 145, 432-437.

Park, K.S.; Kim, S.S.; Kim, J.C.; Kim, H.C.; Im, Y.S.; Ahn, C.W.; Lee, H.K. Serum and tear levels of nerve growth fator in diabetic retinopathy patients. Am. J. Ophthalmol. 2008, 145, 432-437.

Parveen K, Khan MR, Mujeeb M, Siddigui WA. Efeitos protectores do Pycnogenol nos danos oxidativos induzidos pela hiperglicemia no fígado de ratos diabéticos de tipo 2. Chem Biol Interact 2010; 186:219-27.

Patel S. e Santani D., "Role of NF-κB in the pathogenesis of diabetes and its associated complications," Pharmacological Reports, vol. 61, no. 4, pp. 595-603, 2009.

Pennathur S e Jay WH. Mechanisms for Oxidative Stress in Diabetic Cardiovascular Disease (Mecanismos do stress oxidativo na doença cardiovascular diabética). Antioxidants & Redox signaling, Volume 9, Números 7, 2007.

Petrash, J. M. (2004). All in the family: aldose reductase and closely related aldo-keto reductases. Cell Mol Life Sci, Vol. 61, No. 7-8, pp. 737-749.

Picardi A, D'Avola D, Gentilucci UV, Galati G, Fiori E, Spataro S, Afeltra A. Diabetes na doença hepática crónica: dos velhos conceitos às novas provas. Diabetes Metab Res Rev 2006; 22: 274-283.

Preet A, B. L. Gupta, M. R. Siddiqui, P. K. Yadava e N. Z. Baquer, "Restauração de alterações ultra-estruturais e bioquímicas no nervo ciático de ratos diabéticos induzidos por aloxana no tratamento com Na3VO4 e Trigonella: um agente antidiabético promissor", Molecular and Cellular Biochemistry, vol. 278, no. 1-2, pp. 21-31, 2005.

Qureshi K, Abrams GA. Metabolic liver disease of obesity and role of adipose tissue in the pathogenesis of nonalcoholic fatty liver disease. World J Gastroenterol 2007; 13: 3540-3553.

Reid AE. Doença hepática gorda não alcoólica. In: Feldman M, Friedman LS, Brandt LJ, Eds. Sleisenger and Fordtran's Gastrointestinal and Liver Disease: Pathophysiology/diagnosis/ management, 8th ed., St. St. Louis, Missouri, EUA: Saunders, 2006. Pp. 1772-99.

Reidy K, Kang HM, Hostetter T, and Susztak K. Molecular mechanisms of diabetic kidney disease. J Clin Invest. 2014;124(6):2333-2340.

Reiter, C.E.; Wu, X.; Sandirasegarane, L.; Nakamura, M.; Gilbert, K.A.; Singh, R.S.; Fort, P.E.; Antonetti, D.A.; Gardner, T.W. Diabetes reduces basal retinal insulin recetor signaling: Reversão com insulina sistémica e local. Diabetes 2006, 55, 1148-1156.

Rezaei A, Farzadfard A, Amirahmadi A, Alemi M. Diabetes mellitus e a sua gestão com plantas medicinais: Uma perspetiva baseada na investigação iraniana. Journal ofEthnopharmacology175(2015)567-616.

Rohilla A e Ali S. Alloxan Induced Diabetes: Mechanisms and Effects. Revista Internacional de Investigação em Ciências Farmacêuticas e Biomédicas. Vol. 3 (2) 2012. 22293701.

Rohrer, B.; Korenbrot, J.I.; LaVail, M.M.; Reichardt, L.F.; Xu, B. Papel do recetor de neurotrofina TrkB na maturação dos fotorreceptores de bastonetes e no estabelecimento da transmissão sináptica para a retina interna. J. Neurosci. 1999, 19, 8919-8930.

Romero-Gomez M. Insulin resistance and hepatitis C. World J Gastroenterol 2006; 12: 7075-7080.

Ross R. Atherosclerosis-an inflammatory disease. N Engl J Med 340: 115-126, 1999.

Ryan,B ,2007 TurningOveraNewLeafintheNewY ear[WWWDocument]. Ação para a diabetes.

Saint-Geniez, M.; Maharaj, A.S.R.; Walshe, T.E.; Tucker, B.A.; Sekiyama, E.; Kurihara, T.; Darland, D.C.; Young, M.J.; D'Amore, P.A. O VEGF endógeno é necessário para a função visual: Evidência de um papel de sobrevivência em células Müller e fotorreceptores. PLoS One 2008, 3, e3554.

Sakurai K, Ogiso T: Effect of ferritin on /DNA strand breaks in the reaction system of alloxan plus NADPHcytochrome P450 reductase: ferritin's role in diabetogenic action of alloxan. Biol Pharm Bull 1995;18:262-6.

Sasaki, M.; Ozawa, Y.; Kurihara, T.; Kubota, S.; Yuki, K.; Noda, K.; Kobayashi, S.; Ishida, S.; Tsubota, K. Neurodegenerative influence of oxidative stress in the retina of a murine model of diabetes. Diabetologia 2010, 53, 971-979.

Schleicher, E. D. & Weigert, C. (2000). Papel da via biossintética da hexosamina na nefropatia diabética. Kidney Int Suppl, Vol. 77, No. pp. S13-18.

Secchiero P., F. Corallini, A. Pandolfi et al., "An increased osteoprotegerin serum release characterizes the early onset of diabetes mellitus and may contribute to endothelial cell dysfunction," American Journal of Pathology, vol. 169, no. 6, pp. 22362244, 2006.

Sinha N., Taha A., Baquer N. Z., and Sharma D., "Exogenous administration of dehydroepiendrosterone attenuates loss of superoxide dismuatse activity in the brain of old rats," Indian Journal of Biochemistry and Biophysics, vol. 45, no. 1, pp. 57-60, 2008.

Steinberg D. Atherogenesis in perspective: hypercholesterolemia and inflammation as partners in crime. Nat Med 8: 1211-1217, 2002.

Stiles B. L., "PI-3-K andAKT: onto the mitochondria," Advanced Drug Delivery Reviews, vol. 61, no. 14, pp. 1276-1282, 2009.

Sue A. Brown, MD e Julie L. Sharpless, MD (2004): Osteoporosis: An Underappreciated Complication of Diabetes. Clinical Diabetes 22:10-20.

Szkudelski T. (2001): O mecanismo de ação do aloxano e da estreptozotocina nas células B do pâncreas do rato. Physiol. Res. 50: 536-564.

Tan KC, Chow WS, Ai VH, et al. 2002. Effects of angiotensin II recetor antagonist on endothelial vasomotor function and urinary albumin excretion intype 2 diabetic patients with microalbuminuria. Diabetes Metab Res Rev, 18:71-6.

Turk T, Leeuwis JW, Gray J, Torti SV, Lyons KM, Nguyen TQ et al. (2009) A sinalização BMP e os marcadores de podócitos estão diminuídos na nefropatia diabética humana em associação com a sobreexpressão de CTGF. J. histochem. cytochem. 57:623-631.

Uneland Thor (2005): Metabolismo ósseo durante a deficiência crónica da hormona do crescimento - estudos experimentais e clínicos. Endocrinologia.

Valerio G, del Puente A, Esposito-del Puente A, Buono P, Mozzillo E, Franzese A (2002): A densidade mineral óssea lombar é afetada pelo mau controlo metabólico a longo prazo em adolescentes com diabetes mellitus tipo 1. Horm Res 58:266-272.

Vallon V, Blantz RC, Thomson S (2003) Glomerular hyperfiltration and the salt paradox in rarely type 1 diabetes mellitus: a tubulo-centric view. J. am. soc. nephrol. 14:530-537.

Vincent A. M., Brownlee M., e Russell J.W., "Oxidative stress and programmed cell death in diabetic neuropathy," Annals of the New York Academy of Sciences, vol. 95 9, pp. 368-383, 2002.

Virag, L. & Szabo, C. (2002). The therapeutic potential of poly(ADP-ribose) polymerase inhibitors. Pharmacol Rev, Vol. 54, No. 3, pp. 375-429.

Vujicic B, Turk T, Crncevic-Orlic Z, Dordevic G e Racki S. Nefropatia diabética. Intech , 2012; http://dx.doi.org/10.5772/50115

Wei Y, Chen P, de Bruyn MD, Zhang W, Bremer E, Helfrich W. Carbon monoxidereleasing molecule-2 (CORM-2) attenuates acute hepatic ischemia reperfusion injury in rats. BMC Gastroenterol 2010; 10:42.

Wei, Y. H. (1998). Stress oxidativo e mutações do ADN mitocondrial no envelhecimento humano. Proc Soc Exp Biol Med, Vol. 217, No. 1, pp. 53-63.

Welt K, Weiss J, Martin R, Dettmer D, Hermsdorf T, Asayama K, et al. Investigações ultra-estruturais, imunohistoquímicas e bioquímicas do fígado de ratos expostos a diabetes experimental e hipoxia aguda com e sem aplicação de extrato de Ginkgo. Exp Toxicol Pathol 2004; 55:331-45.

West E, Simon OR, Moorrison EY. (1996): A estreptozotocina altera a capacidade de resposta das células beta pancreáticas à glicose seis horas após a injeção em ratos. West Indian Med 45:60-62.

OMS, 2011. Utilização da hemoglobina glicada (HbA1c) no diagnóstico da diabetes mellitus: relatório abreviado de uma consulta da OMS.

OMS, 2014a. Programa de Diabetes [Documento WWW]. URL http://www.who.int/ diabetes/action_online/basics/en/) .

Wijekoon, E.P.; Brosnan, M.E.; Brosnan, J.T. Homocysteine metabolism in diabetes. Biochem. Soc. Trans. 2007, 5, 1175-1179.

Witztum JL e Steinberg D. Role of oxidized low density lipoprotein in atherogenesis (Papel da lipoproteína de baixa densidade oxidada na aterogénese). J Clin Invest 88: 1785-1792, 1991.

Wright B. E. e Davison P. F. "Mechanisms of development and aging," Mechanisms of Ageing and Development, vol. 12, no. 3, pp. 213-219, 1980.

Yamanaka, M.; Itakura, Y.; Ono-Kishino, M.; Tsuchida, A.; Nakagawa, T.; Taiji, M. A administração intermitente do fator neurotrófico derivado do cérebro (BDNF) melhora o metabolismo da glicose e previne a exaustão pancreática em ratos diabéticos. J. Biosci. Bioeng. 2008, 105, 395-402.

Yoshii, A.; Constantine-Paton, M. Postsynaptic. Sinalização BDNF-TrkB na maturação da sinapse, plasticidade e doença. Dev. Neurobiol. 2010, 70, 304-322.

Yuan J. e Yankner B. A., "Apoptosis in the nervous system," Nature, vol. 407, no. 6805, pp. 802-809, 2000.

Zhao W. Q. e D. L. Alkon, "Role of insulin and insulin recetor in learning and memory", Molecular and Cellular Endocrinology, vol. 177, n.º 1-2, pp. 125-134, 2001.

Zhou G, Li C, Cai L (2004) Os produtos finais de glicação avançada induzem a fibrose renal mediada pelo fator de crescimento do tecido conjuntivo predominantemente através da via independente do fator de crescimento transformador beta. Am. j. pathol. 165:2033-2043.

I want morebooks!

Buy your books fast and straightforward online - at one of world's fastest growing online book stores! Environmentally sound due to Print-on-Demand technologies.

Buy your books online at
www.morebooks.shop

Compre os seus livros mais rápido e diretamente na internet, em uma das livrarias on-line com o maior crescimento no mundo! Produção que protege o meio ambiente através das tecnologias de impressão sob demanda.

Compre os seus livros on-line em
www.morebooks.shop

Printed by Books on Demand GmbH, Norderstedt / Germany